宠物犬：

识别 选购 饲养

初舍生活家 主编

海峡出版发行集团 THE STRAITS PUBLISHING & DISTRIBUTING GROUP | 福建科学技术出版社 FUJIAN SCIENCE & TECHNOLOGY PUBLISHING HOUSE

图书在版编目（CIP）数据

宠物犬：识别　选购　饲养 / 初舍生活家主编 .—福州：福建科学技术出版社，2017.9

ISBN 978-7-5335-5238-1

Ⅰ．①宠…　Ⅱ．①初…　Ⅲ．①犬－驯养　Ⅳ．① S829.2

中国版本图书馆 CIP 数据核字 (2017) 第 010497 号

书　　名	宠物犬：识别　选购　饲养
主　　编	初舍生活家
出版发行	海峡出版发行集团 福建科学技术出版社
社　　址	福州市东水路 76 号（邮编 350001）
网　　址	www.fjstp.com
经　　销	福建新华发行（集团）有限责任公司
印　　刷	福州德安彩色印刷有限公司
开　　本	700 毫米 ×1000 毫米　1/16
印　　张	12
图　　文	192 码
版　　次	2017 年 9 月第 1 版
印　　次	2017 年 9 月第 1 次印刷
书　　号	ISBN 978-7-5335-5238-1
定　　价	38.00 元

目 录

第一章 认识你的宠物狗狗

1. 狗狗的分类 …… 2
2. 最受欢迎的小型犬 …… 6
3. 最受欢迎的中型犬 …… 16
4. 最受欢迎的大型犬 …… 27

第二章 带中意的狗狗回家

1. 养狗要三思而后行 …… 40
2. 公狗和母狗的差别 …… 43
3. 健康的狗狗从哪里来 …… 45
4. 如何选购健康的狗 …… 47
5. 找和自己性格相近的狗 …… 52
6. 做个有准备的养狗人 …… 56
7. 让狗狗恋上狗笼 …… 59
8. 防破坏就要备足狗玩具 …… 61

第三章 当好狗狗的营养师

1. 狗狗进食要定时定量 …… 66
2. 狗粮也分主食和零食 …… 69
3. 按年龄喂不同的狗粮 …… 71
4. 这些食物狗狗不能碰 …… 74

5. 狗狗换牙期该吃点什么 78
6. 改变狗狗挑食偏食的习惯 79

第四章 绅士乖狗养成术

1. 认识狗狗的肢体语言 82
2. 选对训狗道具和时间 85
3. 名字感应是训狗第一步 87
4. 训练狗狗听懂号令 89
5. 两步训狗排便 92
6. 要捍卫主人的权威 94
7. 让狗狗晚上不乱叫 96
8. 戒掉狗狗乱咬的习惯 98
9. 遛狗时避免“狗遛人” 100
10. 平息狗狗争斗有诀窍 103
11. 远离可疑食物的威胁 105

第五章 狗比主人更爱美

1. 先给狗狗洗个热水澡 108
2. 狗狗美容全套工具 111
3. 养护是狗美容的基础 114
4. 潮流狗狗要染毛 117
5. 自制狗狗个性项圈 118
6. 定期护理狗狗的毛 120
7. 狗狗穿衣扮靓 123

第六章 细心呵护让狗少生病

1. 狗狗的四季护理重点……126
2. 疫苗是狗狗健康保障……130
3. 驱虫不可忽视……132
4. 狗狗易得的三种病……135
5. 极易骚扰幼犬的细小病……138
6. 真假感冒要分清……140
7. 狗狗呕吐主人要先诊断……142
8. 如何给生病的狗喂药……144
9. 警惕狗狗肛门腺发炎……146
10. 狗中暑先自救……148
11. 保护狗狗的眼睛……150
12. 小心狗狗染上“富贵病”……152
13. 狗狗突发情况的急救……154
14. 带狗去医院有规矩……156

第七章 带狗狗出门游玩

1. 狗狗独自在家也会焦虑……160
2. 带狗出游前的安全准备……161
3. 带狗狗爬山准备要充足……164
4. 狗狗的游泳训练……167

第八章 狗狗婚恋与孕产

1. 狗狗也有爱的渴望……170
2. 让狗狗恋爱要慎重……172
3. 先给狗狗做“婚检”……173

4. 最舒适的交配方式 …… 174
5. 识别狗狗真假怀孕 …… 175
6. 细心照顾妊娠期母狗 …… 176
7. 减轻狗狗临产前的痛苦 …… 179
8. 顺产还是剖宫产 …… 180
9. 初生狗仔喂养并不难 …… 182
10. 照顾好“月子期”的狗妈妈 …… 183
11. 给狗妈妈做绝育手术 …… 185

第一章

认识你的宠物狗狗

1.狗狗的分类

狗狗家族到底有多大？据不完全统计，可能有300多个品种，如果要让这些狗狗来个聚会，那情景，还真不亚于百花齐放的公园。狗狗也是千姿百态，五花八门，黑的、黄的、白的、花的，狗狗体毛色彩纷呈；大的、小的、长毛、短毛，个个身姿卓越；或身手敏捷，或憨态十足，总之，惹人怜爱的本领是“强中更有强中手”；或单单只是用来观赏，或是帮人排遣孤寂，亦或是身处庭院看家守门，每种狗都身怀绝技，各司其能……

所以，按照狗狗的生活习性、体型大小及其用途等，我们大概可将狗狗分为狩猎犬、牧羊犬、工作犬、玩赏犬和㹴类犬。但无论怎么分，都不能将狗狗之间的界限划分得无限清晰。因为任何品种的狗狗，只要能讨人喜欢，最后都有被人类请回家“做客”、当做玩赏犬的可能。

狩猎犬

一听这名字就知道这是种本领不一般的狗狗。的确，狩猎犬是最为古老的犬种之一，品种纯正，形体从古至今没有发生任何改变。这种狗狗具有两大明显特征：灵活的动作和优异的嗅觉。但大部分狩猎犬只具备其中一项明显特征，所以，狩猎犬又可分为视觉型狩猎犬和嗅觉型狩猎犬。

视觉型狩猎犬

视觉型狩猎犬完全来自中东地区，如阿富汗犬、大麦町犬、灵缇、狼犬等。它们就像人类优秀的短跑运动员，身材精干，肌肉高度发达。这种犬常被用在沙漠上追逐猎物，且百发百中，而它们追逐猎物的精准率，全凭自身超强的视觉感。视觉型狩猎犬跑步速度之快，堪比风驰电掣的汽车，如果在狗界进行一场百米短跑比赛，这种类型的狗狗肯定坐拥冠军之位。

不过视觉型狩猎犬形体不够精致。但若是有自家庭院，或是房子足够宽敞的人家，请这种狗狗看家护院倒是不错的选择。

嗅觉型狩猎犬

这类犬有比人类灵敏100万倍的鼻子，能在事情发生很久以后，循着地上的味道来追踪猎物。此外它们还拥有强劲有力的腿，一旦发现猎物踪影，就会像浑身充满电一样，朝猎物飞奔而去。

与视觉型狩猎犬不一样，它并非靠着瞬间的速度来获取猎物，而是靠其惊人的耐力与猎物做长时间的竞赛，直至找到猎物为止。

嗅觉型狩猎犬在寻找猎物的时候，精神会高度集中，有时即使是主人的召唤，它们也充耳不闻。嗅觉型狩猎犬的性格非常沉着、冷静，一般情况下，它们都不会大喊大叫，也不会随便撒泼。此外，在外形表现上，它们的皮毛一般都非常光洁，只需要擦洗一遍，就会变得无比干净，比较适合给家中的孩子做宠物犬。

目前，嗅觉型狩猎犬一般有腊肠犬、大白熊犬、美国可卡犬、比格犬等。

牧羊犬

牧羊犬就是专门用来从事放牧工作的犬。不过牧羊犬只是人类赋予它们的职业称呼，它不是一个单独的品种，而是家族庞大、犬丁兴旺的组织，其中包括苏格兰牧羊犬、德国牧羊犬、英国古代牧羊犬、高加索牧羊犬、可蒙犬、伯瑞犬等。

以前，牧羊犬是负责牧羊、畜牧的犬种，主要职责是负责农场警卫，避免牲畜逃走或遗失，也保护家禽免受凶猛动物的侵袭，是农场主不可多得的好帮手。但随着历史的发展，牧羊犬逐步受到各国皇室的喜爱，以至于上流阶层和普通民众，都逐渐将它当做玩赏犬饲养。

工作犬

顾名思义，工作犬就是用来协助人类工作的犬种，不仅如此，它们还是主人天生的护卫队呢。如罗特韦尔犬，大部分情况下用来工作，但一旦主人遇到危险，它们就会表现得英勇无畏，真是个称职的贴身保镖。

工作犬给人类带来了无尽的帮助，它们在人类的生活中有时扮演“警卫”，有时是“哨兵”，还可以拉雪橇、导盲，发展到今天，甚至还可以用来搜寻地震、火灾现场。这种类型的狗狗有金毛寻回犬、松狮犬、阿拉斯加雪橇犬、苏联红犬等。

玩赏犬

玩赏犬其实可叫做伴侣犬，这种类型的狗狗个头有大有小，但主要以小型犬种和一些较小型的工作犬种为主，成年犬身高一般不超过35厘米。玩赏犬除了供人欣赏外，还能陪人玩耍，安抚独居者孤独或寂寞的心灵，甚至照顾老人、小孩和病人，是名副其实的“伴侣”宠物。

玩赏犬大多外形奇特、娇小美观，性格聪明伶俐，活泼好动，对于博取主人的欢心，很有自己的一套方法，是许多喜欢养宠物人家的首选。这类型的狗狗有北京犬、博美犬、吉娃娃、巴哥犬、蝴蝶犬、贵宾犬等。

㹴类犬

㹴类犬原本是用来狩猎穴熊、野兔、水獭等小动物的一类小猎犬，它们多数都具有聪明活泼，行动敏捷、勇敢顽强、勤劳忠诚的特点，除少数几种㹴类犬原产中国外，绝大多数产于英国。

㹴类犬大多体型娇小，因为它们喜欢掘土挖穴，所以这种体型倒也正好适合这种需要。如今它们大部分也是被当做玩赏犬，陪伴人们生活，这种类型的犬种有迷你雪纳瑞、苏格兰㹴、迷你牛头㹴、边境㹴、刚毛猎狐㹴等。

2.最受欢迎的小型犬

吉娃娃

难养指数：★★☆☆☆

别名：奇娃娃、茶杯犬

寿命：12~14 年

吉娃娃是一种相当古老的犬种，原产于墨西哥，大约在 19 世纪由墨西哥人所饲养的犬发展而来。

犬种简介

外形：吉娃娃正常肩高 16~22 厘米，体重 0.9~2.6 千克，是玩赏犬中最袖珍的犬。它头部呈苹果状，耳朵直立，眼睛滚圆，尾巴稍稍卷曲。被毛颜色有淡褐色、栗色、银色和浅蓝色，也有可能出现多种毛色混杂的情况。

性情：吉娃娃是典型的“人小鬼大”型宠物犬，不喜欢和其他种类的狗狗一起生活。个头小却精悍十足，打起架来，无论对方是身材威猛，还是实力相当，它总有办法出奇制胜。所以吉娃娃除可以被当作玩赏犬外，还非常适合用来看家护院。

◆驯养特征

吉娃娃对生活环境的要求并不苛刻，但在刚出生时要注意保健，平时还要多关注它的牙齿健康。

博美犬

难养指数：★★★★★

别名：松鼠犬

寿命：12~15 年

博美犬的名字来源于德国东北部的地名“博美拉尼亚”，因此很多人认为它的起源地是欧洲中部，事实上，真正的博美犬起源于北极圈一带。

犬种简介

外形：博美犬是一种相当精致的小型玩赏犬，正常成年博美犬的身高不超过 30 厘米，体重不到 5 千克。它的楔形头部略似狐狸，耳朵小且直立，眼睛呈杏仁状，尾巴被毛上卷似乎与头部相连，体毛粗厚且长，颜色有白色、红色、橘色、黑色和灰色。

性情：博美犬天性活泼，总是露出一副笑脸悦人的俊俏模样。原本博美犬是用来作为牧羊犬的，后来竟成了标准的宠物犬，这可能是由于博美犬酷爱家庭式温馨的性格使然。如缺乏训练，可能对陌生人吠叫不止。

◆驯养特征

博美犬天生丽质，除要每天梳毛外，不需要主人太过费心地照顾，所以它拥有很好的人缘，深得人们喜爱。

北京犬又称“京巴犬”，来源于中国古代的宫廷，有4000年的历史。

犬种简介

外形：北京犬是典型的“不可貌相”之犬。从外表来看，它个子娇小，容颜俏丽，但如果你将它举起的话，会发现它的重量大得惊人，这是因为它前半身骨骼相对其他类型的狗狗来说异常沉重。在体态标准的情况下，成年北京犬体重在6千克以下都算是比较理想的。

性情：北京犬有着典型的帝王情结，威严、自信、顽固且易怒，但同时它还有一颗童心，非常喜欢和小孩子相处，有时甚至会陪小孩一起玩玩具。

◆驯养特征

北京犬是一种典型的公寓犬，它很难适应一般的“平民”环境，畏冷怕热，护理起来十分麻烦。所以一旦决定要和北京犬为伴，就一定要做好任劳任怨的准备，必须经常梳刷它的被毛，并保持牙齿清洁。

蝴蝶犬

难养指数：★★★☆☆

别名：蝶耳犬、松鼠猎鹬犬

寿命：9~12 年

蝴蝶犬的来源并不像其他犬种那样确定，但普遍的说法是它起源于 16 世纪的西班牙，是侏儒型长耳犬的后裔。

犬种简介

外形：成年蝴蝶犬肩高 20~28 厘米，体重 4~5 千克，长长的耳朵像是展开双翅高飞的蝴蝶。被毛有 3 种组合颜色，分别是白黑、棕白以及白黑黄褐。它们的被毛被称为尼龙质地，不粘灰土，护理起来非常简单省事。蝴蝶犬的外貌十分漂亮，充满神秘的古典风采，尤其受女性青睐。

性情：蝴蝶犬个子小，但一点也不柔弱，适应气候差异的本领强。一般的狗狗不能陪伴主人长途旅行，但对蝴蝶犬来说，这是再简单不过的事情。蝴蝶犬活泼聪明，也极易亲近，是适合很多家庭的伴侣犬。

◆驯养特征

蝴蝶犬非常喜爱与主人玩耍，而且有一定的独占欲。主人需要有充足的空闲时间来陪伴它，并每天坚持梳理被毛。

难养指数：★★★☆☆

别名：特内里费犬

寿命：12~14 年

比熊犬来源于 13 世纪前的地中海地区，诞生之初就被定位成非运动型的玩赏犬。

犬种简介

外形：比熊犬看起来很像小孩子的玩具，雪白的、毛茸茸的，十分可爱。它们一般肩高 24~29 厘米，体重不超过 5 千克。头部略微圆拱，圆圆的眼睛位于脑袋上方，眼球为黑色或者深褐色，耳朵下垂，略高于眼睛的位置，隐藏在长而流动的被毛中。毛色为纯白色，在耳朵周围或身躯上会有浅黄色、奶酪色或杏色阴影。

性情：比熊犬是一种性格温顺、令人愉快的狗狗。它感情丰富、开朗聪明、勇敢机警，很容易因为小事情而满足，不仅非常忠实于主人，也具有坚强的个性。

◆驯养特征

比熊犬对居住环境的要求很高，而且常常需要主人的陪伴。它泪腺发达，因此需要小心护理眼睛。毛发也必须每天梳理、经常修剪。最麻烦的是天气潮湿时，它比较容易出现皮肤问题。看来要拥有一只可爱的比熊犬并不容易。

巴哥犬

难养指数：★★☆☆☆

别名：斧头犬、哈巴狗

寿命：13~14年

巴哥犬起源于中国，16世纪在法国宫廷中就开始作为玩赏犬了。

犬种简介

外形： 成年的巴哥犬标准身高在25~28厘米，体重6~8千克，头部滚圆而有力，有点像握紧的拳头，前额有很深的皱纹。耳朵薄小并伴有下垂现象，眼睛凸出、炯炯有神；整个脸部颜色较深且身躯粗壮，四肢短而壮，尾巴弯曲成环状。体毛短且柔软，顺滑有光泽，颜色有银色、杏黄色、金黄色和黑色等。巴哥犬的特征是走起路来像拳击手。

性情： 巴哥犬虽“面目狰狞”，但心地善良，体贴可爱，很喜欢和小孩子一起玩耍。它记忆力强，不爱吠叫，很容易驯服。另外，别看巴哥犬个子娇小，力气却是非凡，很会保护主人。

◆驯养特征

巴哥犬喜欢运动，但因为它呼吸道特别短，不适合进行剧烈的运动，外出时一定要记得给它戴上项圈，以限制它乱跑或剧烈运动。

此犬体质较差，易患眼病和皮肤病；食欲旺盛，应控制体重。

西施犬

难养指数：★★★★☆

别名：中国狮子犬

寿命：12~14 年

西施犬是来自中国西藏的古老品种，大约起源于 6 世纪中叶，其祖先是拉萨狗。

犬种简介

外形：西施犬肩高 20~28 厘米，体重 4~7 千克。它头圆而宽，耳朵较大，位于头顶略低的地方，两眼之间比较开阔，眼睛大而圆，眼球颜色一般都较深；丰满的深色鼻子比较显眼。被毛丰厚浓密，毛色多种多样，其中以前额有火焰形状的白斑和尾端有白毛的西施犬品质较好。

性情：西施犬喜欢与人交往，比较依恋主人，对小孩和小动物都有好感，是一种既适合城市饲养也适合乡村生活的狗狗。它活泼聪明，极少闯祸，但脾气孤傲。

◆驯养特征

西施犬护理起来比较麻烦，因为它的毛发长而脆，容易折断和脱落，因此必须每天梳理。头顶上的长毛发则最好绑扎起来，以免刺激眼睛。不仅如此，对于它的眼睛、耳朵、牙齿和爪子也都要仔细清洁和保养。

约克夏犬

难养指数：★★★★☆

别名：约克郡㹴

寿命：12~14 年

约克夏犬的培育历史不长，只有大约 100 年，原产于英国约克夏郡，因此得名。其祖先是一种由曼彻斯特犬、斯兽猎犬、马耳他犬杂交培育出来的犬种。

犬种简介

外形：约克夏犬是体型仅次于吉娃娃的小型犬种，体重一般为 3 千克以下。头部小而平坦，耳朵也很小，呈“V”字形直立状，耳根很高，眼睛中等大小，眼球为暗色；覆盖全身的被毛像丝一样顺滑，身体和尾巴呈暗蓝灰色，其他地方则是黄褐色。

性情：约克夏犬聪明机警，温和、热情、忠诚且活泼，对主人很有感情，是令人愉快的小玩伴。它有时候聪明乖巧，有时又喜欢撒娇、耍贵族犬派头，很是可爱。

◆驯养特征

作为伴侣犬，约克夏犬虽然身形娇小，就算是面积有限的家庭也可以饲养，但它并不是容易饲养的宠物，因为它那柔顺、笔直如丝般的毛发需要经常打理。不仅如此，它还经常需要主人的陪伴，因此如果时间不是很充裕，还是不要考虑养它了。

西高地白㹴

难养指数：★★★☆☆

别名：西部高地

寿命：13~15 年

西高地白㹴源于 19 世纪的苏格兰西部高地，最初常常被用来捕捉水獭、狐狸和老鼠。

犬种简介

外形：西高地白㹴大都小巧玲珑，一般肩高 25~28 厘米，体重 7~10 千克。它的脸部看起来有点像狐狸，头部呈圆形，耳朵小而直立，眼睛中等大小，眼球为深褐色且很亮，鼻梁较长；被毛颜色一般为纯白，脸部的长毛达 5~6 厘米，特别是额、两颊和吻部，使它的脸看上去较胖圆。

性情：西高地白㹴性格温和，善解人意，具有活泼开朗、自信心强、坚忍不拔并且高傲的特质，喜欢围着主人奔跑跳跃。体质强健、热情好动的它可以作为优秀的猎犬，同时也是令每一个家庭成员都很愉快的好伴侣。

◆驯养特征

西高地白㹴在驯养上没有特殊要求，但比较适合有庭院的家庭饲养，喜欢与家中的小孩做伴。

由于被毛洁白漂亮，因此必须每天给它清洁、梳理，但是又不能太频繁洗澡，以免毛脂流失而引起脱毛，从而影响被毛的亮丽。它性格活跃，需要每天有一定的运动量，最好经常进行户外活动。

迷你雪纳瑞

难养指数：★★☆☆☆

别名：迷你雪

寿命：12~15 年

雪纳瑞原产 15 世纪德国南部的巴伐利亚，是㹴犬类中唯一不含英国血统的品种。

犬种简介

分类：一般分为标准雪纳瑞、巨型雪纳瑞和迷你型雪纳瑞，以迷你型雪纳瑞最受欢迎。

外形：成年后的迷你型雪纳瑞身高 32~36 厘米，体重为 7~8 千克。

雪纳瑞的头部很长，鼻子较窄；耳朵直立，但略向前倾呈“V”字形；眼睛椭圆形，深褐色；尾巴一般情况下是直立式，但在生长过程中经常会出现断尾现象；体毛较硬，而且粗糙，眉毛和颈部的毛发很长，颜色大概有纯黑、白、灰、斑杂等几种。

性情：雪纳瑞是典型的精力充沛、活泼好动一族，它贪玩的本性很适合与儿童相处，对陌生人常常怀有猜疑感。

◆驯养特征

雪纳瑞既能适应乡村生活，也能适应城市生活，但要经常带它外出散步、玩耍。平时要注意及时刷拭和修剪被毛，保持外表洁净。

比格犬

难养指数：★★★☆☆

别名：米格鲁猎犬

寿命：12~15 年

比格犬源于古希腊时代，大约 11 世纪传入英国，是历史上最古老的犬种之一。

犬种简介

外形：比格犬是狩猎犬中身形最小的品种，肩高一般为 33~41 厘米，体重为 8~14 千克。它头部较长，后枕骨较圆且稍稍拱起，耳朵贴近头部，位置略低，眼睛大，眼球呈栗色或者褐色；全身密布短硬毛，毛色有任何猎犬的颜色。

性情：比较温顺，善解人意，极易与主人建立起深厚的感情；活泼聪明，容易好奇且易受诱惑。除此之外，它的自我意识较高、非常固执。这些特质都让它不太容易接受训练，属于很有个性的狗狗。

◆驯养特征

比格犬的驯养并不简单，它对运动的要求超过其他犬种，因此必须保证它每天的运动量，并对幼犬加以训练。还要注意控制饮食、定时洗澡和梳理毛发。而健康方面，它容易患上心脏病及皮肤、眼睛方面的疾病。

美国可卡犬

难养指数：★★☆☆☆

别名：美卡、美国曲架

寿命：12~15 年

美国可卡犬，一看名字就知道是原产于美国的犬种，过去用它来捕猎山禽，现在主要以儿童和女士们最喜爱的玩赏犬身份出现，许多男士也很喜欢将它当做护卫犬和看家犬。

犬种简介

外形：美国可卡犬是猎犬家族中最小型的成员，肩高 34~38 厘米，体重 10~13 千克，性格平稳，身材匀称、结实，是狗界的模特。它整个脑袋呈半球形，耳朵宽大下垂，全身上下布满了厚厚的体毛，略呈波浪形，且体毛颜色众多，有黑色、青铜色、褐色以及黑、白混合色，煞是迷人。

性情：美国可卡犬很容易产生激动和兴奋的情绪，在行为动作上即表现出激烈摇摆尾巴。

此外，美国可卡犬性格活泼、机警敏捷、忠实主人，喜欢社交、运动和美食。为了更好地训练它，最好能每天带其到户外运动两次，每天定时定量喂食，不能让其过食。它不仅可帮助主人排解忧愁，还能充当主人身边得力的保镖。

◆驯养特征

可卡犬需要经常洗澡、剪毛，并及时清理耳朵。

如果家中有刚刚学会走路的小孩，或者是上了年纪的老人，最好暂时不要养可卡犬，以免兴奋的狗狗不小心将人撞倒，造成伤害。

喜乐蒂牧羊犬

难养指数：★★☆☆☆

别名：谢德兰牧羊犬

寿命：12~14 年

喜乐蒂牧羊犬大约起源于 18 世纪，是苏格兰北部设得兰群岛的特有品种，由苏格兰边境牧羊犬与体型较小的长毛犬杂交的后代。

犬种简介

外形： 喜乐蒂牧羊犬体型较小，肩高一般是 30~40 厘米，体重 6~12 千克。它头部平坦，耳朵位置比较高，为小巧的半直立耳，耳端为圆弧状，眼睛形状像杏仁，眼球为暗褐色；尾巴相当长，被毛颜色有黑色或深褐色，常常带有不同程度的白色斑纹，有的斑纹呈棕色。

性情： 喜乐蒂牧羊犬天生乐于与主人相伴，它性格活泼热情，富有责任感，忠诚而且友爱，而这些情感对陌生人则有所保留。作为牧羊犬，喜乐蒂保留着祖先吃苦耐劳的特质，而且它非常聪明，很容易接受训练，可学几招小把戏。

◆驯养特征

喜乐蒂牧羊犬非常善于奔跑，为了保证运动量，需要每天散步 0.5~1 小时。另外，作为一种有着双层被毛的狗狗，每周要梳理毛发 1~2 次，以增加它的观赏性。

哈士奇

难养指数：★★★☆☆

别名：西伯利亚雪橇犬

寿命：10~12 年

哈士奇原产俄罗斯，是著名的北极犬中最和善的古老犬种。

犬种简介

外形： 哈士奇看起来威严而正直，能给人带来安全感。成年后的哈士奇一般身高为51~60厘米，体重为16~27千克，头部宽阔，鼻子稍圆，呈暗色或褐色；耳朵竖立，呈三角形，耳朵内侧有耳毛；眼睛呈杏仁状，蓝色；尾巴很像狼尾，通常翘到背上。被毛稠密、柔软，毛色多种多样，银灰色、浅棕色、黑色都有。

性情： 哈士奇温顺友好，天资聪明，反应灵敏，喜欢和人及其他犬类交往，即使对陌生人也不多疑，而对于其他宠物分享主人的宠爱，它们不会表现出攻击性。

◆驯养特征

聪明的哈士奇对于训练常常缺乏耐心，有时会用狂吠来表示不满和烦躁，所以，要求它的主人应该是细心又有耐心的人，否则很容易人狗“两败俱伤”。

松狮犬

难养指数：★★★☆☆

别名：熊狮犬

寿命：11~12 年

松狮犬是土生土长的中国犬种，原产中国西藏，19 世纪末被带到英国，并加以改良。古代的松狮犬被视为恶霸的天敌。

犬种简介

外形：松狮犬肩高 46~56 厘米，体重 20~32 千克，整体美丽、高贵，却长着一张悲苦表情的脸。但这并没有影响人们对它的喜爱，反倒觉得那张脸更添情趣，于是它作为家居宠物的地位更加牢不可摧。它的尾巴一般高高地卷在背上，步态短且快，走路就像踩高跷。紫蓝色舌头是其一大亮点。

性情：松狮犬兼有狮子的高贵、熊猫的诙谐、猫的优雅独立与狗的忠心热情。一般来说，它性格文静，从不在家搞破坏，而且很容易学会定点排便等基本技能。但是，松狮犬的性情也很特别，安静得有点慵懒，像喜欢睡觉的猫咪一样，不大喜欢被人逗着玩。有时还会在被人逗乐时，出口咬伤对方。

◆驯养特征

松狮犬不会取悦主人，以自我为中心，所以，需要一个坚强而又有耐性的主人来训练它。松狮犬耐寒畏热，夏季应注意避暑。

萨摩耶原产于俄罗斯的北极地区，看家、狩猎、防卫、拉雪橇，样样精通，是多功能犬种。

犬种简介

外形：成年萨摩耶标准身高为48~60厘米，体重23~30千克，头部宽大，耳朵小且竖立，耳尖稍圆；眼睛小且呈椭圆形，两眼位置分得比较开，颜色深；尾巴上有很多毛，卷曲靠在背上。

性情：萨摩耶忍耐力强、善解人意，对人温和友善。所以，它被当做玩赏犬的概率相当高。

◆驯养特征

萨摩耶非常聪明，一定要从小精心教育，才能形成安静和善的性格，否则容易调皮和闯祸。此外，萨摩耶的被毛比较难打理，需要经常修剪和保养。

大麦町犬

难养指数：★★★☆☆

别名：斑点狗

寿命：10~12 年

大麦町犬原产前南斯拉夫，起源于 15 世纪。到了 19 世纪，英国及法国的贵族把它作为马车的护卫犬，跟随在马车的前后奔跑。

犬种简介

外形：大麦町犬的独特之处，是它身体上布满了无数的斑点，这种斑点似乎是它们的“商标”，其他犬种无论如何也偷不走。成年大麦町犬一般身高 50~60 厘米，体重 22.5~25 千克，头部较长，鼻子为黑色或棕色，耳朵柔软下垂、紧贴头部，眼睛滚圆，尾巴从不弯曲成环形。体毛短硬、稠密、润滑有光泽。

性情：大麦町犬非常活泼，精力充沛，热爱运动，深受小孩喜欢。它有很强的自我保护意识，也有很强的防御能力，可以用来看家护院，很适合经常出差的人士宠养。

大麦町犬虽然对主人温顺，但有着很粗暴的“撕咬”脾气，对于陌生人和陌生家具毫不客气。因此当家中有客人或添置新家具时，要谨防它“偷袭”。

◆驯养特征

大麦町犬的情绪非常不稳定，极其敏感，在驯养时尽量不要采取严厉的惩罚措施，否则很容易适得其反。

沙皮犬

难养指数：★★★☆☆

别名：中国斗犬

寿命：12~14 年

沙皮犬原产于广东省佛山大沥镇，大约有 2000 年的历史，是一个古老的民间斗犬品种。

犬种简介

外形：沙皮犬看起来带有王者之气，站在那里时很引人注意。它肩高 46~51 厘米，体重 16~20 千克。头大额宽，耳朵很小，呈三角形，到耳尖稍圆，指向眼部，也有直立耳；眼睛呈三角形或者杏仁形，颜色为暗褐色，但毛色浅的眼球颜色也浅；有特色的是，其头、颈和前躯的皮肤松弛、多皱皮；毛色很多，但都比较纯，如金色、米黄色、黄褐色、黑色、烟灰色、铁锈色、虎纹色等。

性情：沙皮犬活泼好动，聪明勇猛，灵活，喜欢和儿童一起玩耍，对主人非常忠诚，总是带给人类很多欢乐，但不易同其他动物和平相处。

◆驯养特征

沙皮犬的驯养并不简单，它常常需要适量的户外运动；平时应注意抑制其斗犬本性。由于皮肤褶皱较多，容易藏纳污垢，并导致细菌滋生，因此应该特别注意日常的清洁卫生。

贵宾犬

难养指数：★★☆☆☆

别名：贵妇犬、泰迪

寿命：13~15 年

贵宾犬原产法国，或许是受“浪漫之都”气氛的影响，贵宾犬也是举止高贵，浪漫气息十足。

犬种简介

外形：贵宾犬有 3 种体型，第一种是标准贵宾犬，成年身高是 28~38 厘米，体重约 22 千克；第二种是迷你贵宾犬，身高 25~28 厘米，体重约 12 千克；第三种就是玩具贵宾犬，身高在 25 厘米以下，体重约 7 千克。

贵宾犬的被毛不仅长而卷曲、浓密，而且质地柔软得像羊毛一样，毛色有纯黑、纯白、乳白、褐色、银色、蓝色和杏黄7种。贵宾犬的眼睛呈椭圆形，眼睛颜色取决于体毛颜色，而且通常比体毛颜色稍暗。

性情：贵宾犬聪明、温顺，很容易训练，但同时也非常害羞，对付外来凶猛的动物常常力不从心，所以千万不要指望这种犬来帮你看家护院。

◆驯养特征

贵宾犬非常喜爱运动，因此每天都要保证一定的户外活动。此外，对它们的被毛要精心护理。

边境牧羊犬

难养指数：★★☆☆☆

别名：边境柯利

寿命：13~14 年

边境牧羊犬来源于苏格兰边境，被当做牧羊犬已有多年的历史。

犬种简介

外形：肩高 46~54 厘米，体重 14~22 千克。头部宽阔，后枕骨不突出，眼睛呈卵形，中等大小，眼球为褐色，耳朵分得较开，竖立或者半立；被毛分粗毛和短毛两种，为了抵御严寒的气候，它的被毛生得柔软、浓密且能防水，有各种不同的毛色和斑纹，最普通的颜色就是黑色带（或不带）白筋、白围脖、白袜子、白尾尖，带（或不带）褐色斑纹。

性情：边境牧羊犬非常聪明并且乐于学习，这一点远远优于其他狗狗。它能与小孩友善相处，还可以很好地照顾他们，是优秀的家庭宠物犬和伴侣犬，而它警惕的态度也适合看家护院。

◆驯养特征

边境牧羊犬外形健壮、易饲养、易训练，但是它需要大量运动，适合居住在室外。

史宾格犬

难养指数：★★★★☆

别名：威尔士激飞猎犬

寿命：10~13 年

史宾格犬来源于 19 世纪早期的英国，是现今许多陆地猎犬的祖先。

犬种简介

外形：肩高 46~48 厘米，体重 16~20 千克。头部宽而平坦，眼睛大小适中，呈椭圆形，耳朵长且宽，耳根与眼平齐，靠近脸颊下垂。被毛浓密顺滑，四肢、耳、胸部带有饰毛。毛色有 3 种，黑色或肝色带白色印迹，或白色主体带黑色或肝色印迹；蓝色或肝色花毛；黑色、白色或肝色、白色带黄褐色印迹。

性情：史宾格犬带有明显的猎鹬犬的特征，它工作努力，平稳而热情，勇敢而谨慎，属于彻底的运动犬，对主人极富有感情，友善快乐而易驯化，同时与陌生人及其他宠物也能相处融洽。史宾格犬作为猎犬和伴侣犬都是不错的选择。

◆驯养特征

史宾格犬并不适合城市生活，因为它的运动需求量非常大。此外，在驯养中要尤其注重培养它不乱咬东西的习惯，控制饮食，以免肥胖。

灵猩犬

难养指数：★★☆☆☆

别名：赛狗、格力犬

寿命：9~15 年

灵猩是一种古老的犬种，早在 4000 多年前，人们就把它的形象描绘在埃及金字塔上了。灵猩的形体从古至今没有任何的改变，它是最先被训练来利用视觉追踪猎物的视觉型狩猎犬，也是世界上脚程速度最快的犬类，时速可达 64 千米。

犬种简介

外形：灵猩除了拥有极快的速度外，还有如同燕子般轻盈优美的身体。成年灵猩身高一般为 70~76 厘米，体重为 27~32 千克，头部很长，吻部较窄，头盖骨宽阔，耳朵很小，呈玫瑰状，运动或兴奋时就会呈现半垂直状态；眼睛大而且亮，通常以暗色为主。胸深，背拱，腹部收紧。尾巴长且细，稍有些弯曲。体毛短而密，很华丽，毛色除大部分是灰色外，还有黑色、白色、黄褐色、蓝色。

性情：灵猩灵敏、活泼，不给它足够的运动量，就会抗议，吠叫，甚至是咬人。

◆驯养特征

当你决定和灵猩相伴的时候，一定要做好经常外出散步和玩耍的准备，并训练控制其兴奋性，这样它才会和你和平相处！

杜宾犬

难养指数：★★★☆☆

别名：德国杜宾犬

寿命：10~14 年

杜宾犬原产于德国，19 世纪末有一位名叫路易斯·杜宾曼的征税员兼捕犬者培育了一条具有罗威纳犬、曼彻斯特㹴与灰狗等优点的超级犬，因此以他的名字命名此犬。

犬种简介

外形：杜宾犬具有流线型的体格，结构紧凑，肌肉发达，看起来英姿焕发。它们一般肩高 65~69 厘米，体重 30~40 千克。头部长，呈“V”形，耳朵较小，耳根高，眼睛为杏仁形，古铜色；被毛短，毛色有黑色、蓝色、红色等。

性情：杜宾犬是天生的警卫犬，它强壮有力、坚决果敢，胆大、敏感且聪明，容易接受训练，唯一的缺点是不易与别的狗狗相处，但这也是一种比较自信的性格体现。在担任警卫工作的同时，杜宾犬也可以成为忠实、富有感情的伴侣犬。

◆驯养特征

杜宾犬需要充分的运动，以抑制其潜在的攻击性。它最大的问题就是耐热怕冷，易患气胀病，也较多出现髋部发育异常和心脏问题。

阿富汗猎犬

难养指数：★★★☆☆

别名：喀布尔犬

寿命：12~15 年

19 世纪以前阿富汗猎犬仅在阿富汗及其周边地区活动，19 世纪后期第一次被带到英国，从此就开始了它作为猎犬的生涯。

犬种简介

外形：阿富汗猎犬看起来高贵、孤傲、威严，是犬中的帝王。一般肩高 64~74 厘米，体重 25~30 千克。身躯笔直，头部高昂；典型的杏仁眼，有时略呈三角形，常为金黄色；尾巴细长，尾梢卷成环状。值得一提的是它的体毛，茂盛而富有光泽，犹如丝绸般细密，又如瀑布般倾泻全身，而且毛发质感很好，无论酷暑严寒还是暴风骤雨，都不会破坏其美感。毛色主要有白色、淡褐色、灰色和有栗色斑纹的黑色 4 种。

性情：阿富汗猎犬高雅且活泼，酷爱运动，喜欢用适当的运动来保持身心最佳状态。

◆驯养特征

阿富汗猎犬能适应现代化住宅和公寓式生活，但前提是必须给它足够的运动空间和机会，所以，如果家庭住宅面积不是很宽敞的人，或是基本没时间带它“放风”的人，最好不要选择阿富汗猎犬做宠物。

英国古代牧羊犬

难养指数：★★★☆☆

别名：古牧

寿命：10~12 年

英国最古老的牧羊犬种之一，18 世纪初期就已被广泛作为牧羊犬使用，其祖先包含了长须牧羊犬及各种欧洲牧羊犬的血统。

犬种简介

外形：英国古代牧羊犬的特色是眼睛常常被毛发所遮盖，让人怀疑它是否能看清前面的路。它一般肩高 46~65 厘米，体重 26~38 千克。头部宽大，耳朵中等大小，平贴在头部两侧，眼睛为褐色、蓝色或者一个褐色、一个蓝色；毛色为灰色、灰白色、蓝色或芸石色，有的带有白色斑纹。

性情：英国古代牧羊犬聪明温和、大胆机敏，对人忠诚友善，服从性也比较高，很受小孩子的欢迎，成年犬不喜欢乱跑乱跳，总是一副领导者的温厚姿态，但其实小时候却十分顽皮。

虽说长大后的英国古代牧羊犬有所转性，但毕竟是大型犬，仍然不适合整天拴在屋子里饲养，经常带出去兜风更有利于它的健康成长。另外，英国古代牧羊犬对于任何环境适应性都很强，能和家中其他动物友好相处，不会表现出明显的侵略性或神经质行为，是很值得宠爱的品种。

◆驯养特征

英国古代牧羊犬属于大型犬，不适合长期在室内饲养，而且其浓密程度居所有狗类之首的被毛又硬又长，容易打结或者变脏，因此主人要充分做好日常的毛发护理工作。

拉布拉多犬

难养指数：★★★☆☆

别名：拉布拉多寻回犬

寿命：11~13 年

拉布拉多犬源自纽芬兰岛，是当地水狗和纽芬兰狗的杂交产物，最早记载于 1814 年。

犬种简介

外形：拉布拉多犬忠实而聪明，因此很受欢迎。公犬肩高 56~62 厘米，母犬肩高 54~59 厘米，一般体重 25~34 千克。头部宽阔，耳朵贴近头部，略低于脑袋而略高于眼睛；有锐利但是友善的眼神，眼睛中等大小，眼球颜色则因毛色而异；短毛，有黑色、黄色和巧克力色 3 种颜色；尾巴如水獭，活动时向后平举。

性情：拉布拉多犬性情温和，很容易接受训练，但也活泼好玩、无所畏惧，喜欢接触新事物。它们以成熟的品种和优秀的家庭伴侣犬而闻名，能与各个年龄层的小孩友好相处。

◆驯养特征

拉布拉多犬是非常健壮而且极易饲养的犬种，但很贪吃，主人必须注意控制其饮食和运动，否则很容易发胖。除夏天外，喂给的食物都应是温热的，不宜太凉或太热。

德国牧羊犬

难养指数：★★★★☆

别名：德牧、黑背、黑贝

寿命：10~12 年

德国牧羊犬原产德国，是一种经过改良而来的新品种。

犬种简介

外形：外貌酷似野狼，是一种典型的狼犬。成年德牧身高 55~65 厘米，体重 35~40 千克。头部和身躯比例匀称，前额微微向外凸，耳朵直立；尾巴是类似狼状的旗状尾，安静时就悬挂在屁股后面，只有运动时才直立。体毛可分为长毛、短毛和粗毛 3 种，毛色有黑色、黄褐色、灰色、灰褐色。

性情：德牧有非常明显的个性特征，那就是忠诚、直接、大胆。它在没有刺激的情况下会比较温顺，平易近人，独自站立时很安静，显得很有信心和坚定。与其他动物相处时十分宽容，但警惕性非常高。它还易于训练，与主人非常默契。

除了当做牧羊犬，德牧还有“工作犬领袖”之称。现在，许多国家的军队和警署里都养着这种犬，用于守护、防卫、搜索、攻击等。由于德牧热情与警惕兼备的个性，所以它也是非常优秀的护院犬、伴侣犬。另外，德牧喜欢运动，全天候的笼子生活会毁了它的性格。

◆驯养特征

德牧无论是精神上，还是体力上，都非常能“折腾”。它的活动性很强，爱好自由，这点需要饲养它的主人格外注意。

金毛犬

难养指数：★★★☆☆

别名：金毛寻回犬、黄金猎犬

寿命：12~15 年

金毛犬原产英国，原品种是由不知名的黄色寻回犬和苏格兰长耳猎交配而成的。

犬种简介

外形：成年金毛犬的标准身高是 55~61 厘米，体重 27~34 千克；头部较大，眼睛有褐色的眼眶，眼神友善；尾巴粗大而有长毛；体毛粗糙、浓厚，略呈波浪形，毛质防水性很好，即使被雨淋过也不会出现脏乱现象，毛色只有一种，就是耀眼的金黄色，仿佛“满身尽带黄金甲”。

性情：这种犬高贵典雅，温和亲切，喜欢靠近人，乐于接受主人命令，行动专注而有耐心，可塑性很强。它天生具备取回猎物的能力，善于追踪，有敏锐的嗅觉，很适合当做家庭犬。

◆驯养特征

金毛犬的遗传免疫力比较高，日常护理和驯养都非常容易，只需要定时梳理被毛。但要注意与它进行交流互动，不要让它长时间孤独地待在室内。

大白熊犬

难养指数：★★★☆☆

别名：比利牛斯山犬

寿命：10~12 年

大白熊犬原产于法国和西班牙交界的比利牛斯山区，主要用来保护人类，对付熊和狼的袭击。

犬种简介

外形：大白熊犬一般肩高 65~81 厘米，体重 45~60 千克。大白熊犬给人的第一印象是非常儒雅、美丽，有帝王般的仪态。头宽额突，鼻梁较平，耳基接近头顶，三角形耳朵下垂。它与众不同之处，在于有着一身纯白的被毛，仿佛是穿着纯白衣服的绅士。不过它的被毛上，有时也会夹杂一点灰色，或不同深浅的茶色斑纹。原则上讲，这种犬无论是颜色还是体型，越接近棕熊就越理想，血统就越纯正。

性情：大白熊犬能很快适应家居式生活，却不属于那种安分的室内型品种。因为这种狗狗生来不是非常沉稳，其祖先是久经战场的“老将军”，有时它也会出现神经质的暴虐脾气，在家里搞些破坏。

◆驯养特征

大白熊犬更适合驯养在郊区，每天早晚让它在空旷的草地上奔跑，来发泄多余的精力。定期梳理被毛与洗浴是大白熊犬日常管理的重点。

苏格兰牧羊犬

难养指数：★★★☆☆

别名：柯利犬、苏牧

寿命：12~15年

苏格兰牧羊犬起源于苏格兰低地，名字来自当地一只名叫可利的黑羊。

犬种简介

外形：苏牧的外表优雅而华丽，令很多人为之倾倒。公苏牧肩高为61~66厘米，体重27~34千克；母苏牧肩高为56~61厘米，体重23~29.5千克。苏牧的头部为楔形，轮廓清晰、平顺，眼睛为杏仁状，颜色暗黑、清澈，耳朵半立。毛色是苏牧的重要标志，多为黑貂色带白斑、三混色、大理石色斑、白底夹黑貂色带黑斑，而白色则是它们必有的颜色，一般分布在颈部、四肢、面部和尾尖。

性情：苏牧是目前世界上最受欢迎的犬种之一，它极具智慧，友善、开朗，不仅对主人非常忠诚，与其他动物也能友好相处，同时天性警惕的它有很强的看护本领，因此十分适合细心的小孩、单身女性和喜欢户外活动的人。

◆驯养特征

苏牧是很适合家庭饲养的大型犬类，但也需要时间带到户外运动。它天生喜欢干净漂亮，很乐意配合主人梳洗打扮，也会自己梳理毛发，所以才能得以终身保持高贵典雅的气质。

圣伯纳犬

难养指数：★★★☆☆

别名：阿尔卑斯山獒

寿命：8~10 年

圣伯纳犬原产于瑞士，最早可追溯至 3 世纪，以雪地救护闻名于世。

犬种简介

外形：超大型犬，然而看起来却没有丝毫攻击性，表情极为友好、和善。一般公犬最低肩高 70 厘米，母犬则是 60 厘米，重量 50~91 千克。它脑袋宽阔，略呈拱形，耳朵呈一个略圆的三角形，眼睛中等大小，深褐色；被毛浓密而平滑，毛色为白色带黄褐、暗褐、黑色等，深色区域多集中在眼周、耳、颈后、背部及两肋、尾根，分长毛型和短毛型两种。

性情：虽然是超大型犬，但是它个性十分温顺，忍耐力出众，尤其喜欢和儿童一起玩耍。它力气很大而且善解人意，由于能抵御严寒的气候，以前常扮演雪地救援犬的角色，而现在凭借着出色的看护能力，成为了很优秀的家庭犬。

◆驯养特征

圣伯纳犬需要人们为它提供足够的饮食、生活空间和运动量。由于被毛很厚，夏天要做好防暑工作，并定期为它驱虫。此外要尤其注意其饮食卫生，保证清洁饮水的供应。

罗威纳犬

难养指数：★★★☆☆

别名：洛威拿

寿命：9~11 年

罗威纳犬来源于中世纪的德国，由德国罗威纳居民将罗马大型獒犬和土著牧羊犬配种而成。

犬种简介

外形：罗威纳犬外形高贵而且自信。一般肩高为 58~69 厘米，体重 41~50 千克。头盖较宽，前额隆起，杏仁状的眼睛中等大小，眼球深棕色，耳朵为三角形；被毛比较硬，毛色为黑色，特定部位带有铁锈色或者黄褐色斑纹。

性情：罗威纳犬是世界上最具有勇气和力量的犬种之一，它动作迅猛，精力充沛，具有沉着、自信和勇敢等优秀的特质，而且骄傲的它不容易被接近，也不随便表示友好，因此是天生的警犬。但同时它也极富感情，可以尽全力保护主人，是优秀的家庭伴侣犬。

◆驯养特征

罗威纳犬有很强的适应能力，警卫犬的性格令它驯养起来比其他狗狗都要简单。主人唯一要注意的就是每天梳理它的毛发，让其看起来光滑、鲜亮。这种犬适宜散放在空间较大的院落中。

藏獒

难养指数：★★★★☆

别名：西藏獒犬

寿命：10~15 年

藏獒产自中国西藏，起源于 10 世纪，是一种古老而举世闻名的犬种。

犬种简介

外形： 成年后标准身高 60~70 厘米，体重 40~50 千克，骨架强健；头部宽大，眼睛大小适中，呈棕色；耳朵下垂，呈心形；尾巴上扬，像一束正在放射的烟花。体毛长且丰富，尤其冬天比夏天更浓密，不适合南方地区饲养。体色一般有纯黑、褐色、金黄色、灰色等。

性情： 以前，因它常年生活在喜马拉雅山区，那里环境恶劣，气候变化大，土地贫瘠，冰雪不绝，所以藏獒生命力顽强，但十分凶猛残忍，具有强烈的攻击性，其行为令人难以预测。但如果是经过训练的藏獒，对主人极为依恋，只有对待陌生人才怀有强烈敌意，素有“一人之犬”的美称。

◆驯养特征

藏獒无论从外在体型上，还是从内在习性上，都不容易驯养和护理，而且有一定的危险性，不适合养在城市的楼宇中。如果在郊区饲养，也需要拥有较大的活动空间，并要对它的攻击性进行周全的防范。

第二章

带中意的狗狗回家

1.养狗要三思而后行

看别人家养的狗狗那么可爱，自己也想找只狗狗来“发泄”爱心。可进了宠物店，可爱的狗狗一个比一个讨人欢心，你就好像是进了皇帝的后宫，面对众多国色天香的“嫔妃”，简直看傻了眼，选哪个才好呢？

人类有些相亲分子喜欢说，“适合的就是最好的。”没错！选购狗狗也一样。可就是“适合”这么简单的一个词，说起来容易，做出抉择却不是那么简单。所以，在选择狗狗的时候，你一定要先扪心自问三遍，“这狗狗是适合我的吗？”在得到心中确定的答案后，才能带着心爱的它回家，为将来“人狗和谐生活”打下良好的基础！

那么，最适合自己的狗狗应该是什么样的呢？人类相亲时总喜欢列出个三大条条、五大框框，可选狗狗就没那么复杂了，以下两大步骤就能搞定。

第一步：先弄清你为什么要养狗

要想选一只狗狗作伴，单凭一时的心血来潮可不行。首先要问问自己：为什么要找狗狗陪伴呢？是因为你觉得孤单，想找个顽皮的家伙来陪自己解除寂寞？还是生活单调，想为家庭增加一点欢乐的气氛？又或是看见别人家养的狗狗模样可爱，羡慕不已，自己也想跟跟风？

了解自己内心最真实的想法，才能决定将来你对这只狗狗的态度，是持之以恒的关心，或是短暂的消遣，更或者是厌倦后的抛弃，这一刻都能很好地体现。如果你只是想追求时髦、跟风养狗，也许在不久的将来，你就会开始厌倦，不仅浪费了时间和精力，对狗狗也是一种精神伤害。只有确定了对狗狗的热爱与关心，愿意与狗狗共同度过未来的生活，你才能开始进行狗狗的选择。

第二步：结合自己的生活规律来选购，保证万无一失

注意了，狗狗不是毛绒玩具，它是活生生的小动物！所以，狗狗和人一样，也有性格，也有多种多样的生活习惯。如果狗的性格跟你特别合拍，自然就能为你的生活增添快乐；可要是狗狗和你天生“相冲”，生活习惯格格不入，就很可能跟你“相看两厌”了。所以在选择狗狗之前，要仔细想想你的性格和生活方式，以此作为选择狗狗的参考。

◆静与动，性格要“相配”

如果你平时很喜欢安静，一定不希望有个闹腾的家伙每天在家里汪汪叫，性情温顺的狗狗才是你的最佳选择，那些凶猛的猎犬，无论有多么高大漂亮，都肯定不适合你了。而如果你性格活泼、喜欢运动，则不妨选只好动的狗狗，平时出门跑步、爬山带上它，旅途一定不会寂寞。

◆在家时间，决定选购狗狗的年龄

养狗狗的人都要考虑到一个重大问题，那就是在家时间的长短。因为狗狗也是需要照顾的，尤其是出生不久的小狗，它们刚刚离开母亲，会感到孤单和恐惧。这个年龄段的狗狗可塑性很强，但训练起来很费时间。

所以，如果你能保证做到经常在家，才能选择年纪小的狗狗，可以借此机会和它建立良好的关系，并趁此

时间好好地对狗狗进行训练。而如果你是平时很忙的上班族，根本抽不出多余的时间来调教狗狗，最好还是对“婴儿期”狗狗敬而远之吧！已经受过训练的成熟狗狗，才是你的最佳选择。

◆房屋大小，决定选购狗狗的身材

房子大小也跟养狗有关？没错，你的家也会成为狗狗的家，房子大小决定了它的活动场地。体型较大的狗狗高大威猛，可能对入侵者具有一定的威慑作用，但它们需要大量的运动，不会“安分”地扎根在小小的屋子里，特别是那种小公寓或套房，会让它们觉得非常憋闷。所以，必须要有足够的时间和金钱才能供养它！

而个子娇小的狗狗，运动量明显比体型大的狗狗少，小小的“蜗居”也能给它们挪一块容身之地，对房屋的要求也比较低。不过，无论身材高矮大小，每只狗狗都不会愿意做一只长时间独处的“宅狗”，所以每天还是需要带它出去遛一遛！

选购狗狗时，我们一定要综合考虑各种因素，不能只因狗狗外形靓丽，就迫不及待地将它带回家。只有选择了合适的狗狗，才能和它快乐地相处在同一屋檐下。

2.公狗和母狗的差别

人们常说，“人有百种，性格各异”，狗狗又何尝不是如此呢？有的狗狗活泼好动，聪明伶俐，喜欢“闯荡江湖”；而有的狗狗则文静安详，除非你对它发出命令，否则一般情况下它懒得动。有的狗狗性格暴烈，喜欢争强好斗，对陌生人可能进行毫不客气的攻击；而有的狗狗则胆小懦弱，反应迟钝，对于攻击自己的动物，也是“敢怒不敢行”……

狗狗性格差异的原因

难道是狗狗品种不同，以至于出现这样明显的性格差异？不否认有这方面的原因，但除了品种差异、后天人为训练和环境影响外，还有一个很容易被人忽略的原因——狗狗的性别。如同人类有“男性威猛，女性温柔”的差异一样，狗狗性格上也有男女之分。

养过母狗的人可能都有这样的体会，带着它出门散步，你不用在狗狗脖子上套绳子，狗狗也不会跑掉，它会紧跟主人的脚步，绝对不会走远；但养过公狗的主人感觉就不一样了，它来去像一阵风，好像永远都有发泄不完的精力，出门在外还喜欢到处嗅，到处撒尿，有时甚至明明已经没有尿了，还要拼命抬腿挤出一点尿来，像是在告诉别人“汪某曾经到此一游！”

狗狗性别差异的根源

究竟是什么让公狗和母狗有如此迥异的性格呢？那就是它们体内的雄性激素和雌性激素！

这两种影响着人类生殖和性别的激素，大家或许耳熟能详，把它们搁在狗界，也同样行得通。一般我们见到的公狗，大体上是身材高大、毛发较多、脸部线条粗犷，这是它们体内雄性激素多的缘故；而母狗体内雄性激素少，自然毛发相对较少，脸部线条也柔和得多。

另外，我们常说狗狗到了一定的年龄就会发情，也是由激素引起的，且通常是由体内雌激素较多的母狗先“勾引”公狗，两者才会出现不断交配繁殖的现象。但是，对于狗狗来说，发情交配只是一项任务，不需要有爱情的忠贞，所以狗狗交配的对象一般不必太过熟悉，这只是一种繁殖机制而已。

知道了公狗和母狗不仅仅是性别不同，连性格、生活习性等都有很大的差异，那以后就要“因材施教”了。在日常生活中，不能用同一种方法宠爱狗狗，也不能用同一种生活习性来规范狗狗的生活，这样，你在和狗狗相处的日子里才会天下太平，其乐融融！

3.健康的狗狗从哪里来

都说“健康是人生最大的财富”，其实对狗狗来说也是一样。假如狗狗体弱多病，对主人来说将会是苦不堪言的煎熬；只有健康的狗狗，才能和你共同度过轻松快乐的时光。所以，你得先弄清在哪里可选到健康的狗狗。

健康的狗狗从哪儿来呢？专业的养犬基地，路边的宠物店，熙熙攘攘的花鸟市场，甚至是黄昏的街边，百货店门口小商贩的篮子里，都可能出现待售狗狗们的身影。我们一般把这些地方分为3类：正规狗社、大型狗市、流动小贩。

正规狗社

健康的好犬，一般都来自专业的犬场，来自职业繁殖者。正规狗社大多有自己的固定营业场所，狗狗来源渠道也很正规，血统较纯正。狗狗们的饲养也有很专业的程序，由专门的技术人员负责，所以健康质量有保障。

正因为具有标准化和专业化的特点，正规狗社里的狗狗价格通常比较贵，身价大多是其他地方的2倍，个别珍稀犬或热门犬，甚至可能达到4~5倍。

大型狗市

如果觉得正规狗社价格过高，不妨去大型狗市逛一逛，比如宠物店、花鸟市场等。这些地方的价格相差不大，大多都有自己的一些特色品种，但来源不太容易确定，有时是纯种狗，有时又是杂交的后代。而且，由于大型狗市中的狗比较集中，疾病传染的可能性非常大，狗狗健康质量并不能完全保证。这就需要你多方考察，选择一些信誉较好的店进行综合比较。

此外还需要注意的是，大型狗市里有些狗狗非常活泼，但也要注意防止买到“星期犬”——有些不法商贩给狗狗注射血清，并一天不给狗狗喂食，以至于狗狗看到谁手里拿着食物，就向谁摇尾乞怜、上蹦下跳，让人误以为这是狗狗活泼热情的表现，逗得买狗人心里痒痒的。可买回家不出三天，这些狗狗就可能出现拉稀呕吐、食欲不振等不良情况，有时甚至不到一周就死亡了。

流动小贩

如果将正规狗社比作一个正版碟片，那大型狗市就是精装盗版碟，而流动小贩则是盗版中的盗版，也就是我们在夜市路边常看到的水货碟。从这里出售的狗狗，或许是路边捡来的流浪狗，或许是经过无数乱改良之后的杂交品种，更有甚者，还可能是疾病缠身的危险狗。总之，流动小贩没有固定营业地点，狗狗质量又无从保障，建议不要从他们的手里买狗，因为你根本不知道即将面临的是什么样的风险。

当然，若是朋友或同事家中有自己繁育的小狗需要出让，那是再好不过的了，一方面狗狗质量不用大费周折去考证，价格也比较实在，如果关系很铁，说不定还能免费领养；另一方面，朋友能在自己家中繁育出一窝小狗，并让它们茁壮成长，肯定是具备一定饲养经验的人，在他（她）那里，或许还能学到不少有关养狗的知识，一举多得，何乐而不为！

4.如何选购健康的狗

“自己动手，丰衣足食”，选狗狗当然不能将希望全寄托在犬场或宠物店里的工作人员，因为并不是每一家狗狗商店都能保证质量。这时，就需要你练就火眼金睛，拿出寻找恋人般的执着信念，从以下几方面入手，为自己选购一只健康的狗狗。

狗狗吃什么食物

进店第一眼，不用看店面是否装修豪华，也别急着看那一只只可爱的狗狗，而要看狗狗的食盆，狗狗们在吃什么。

如果你发现狗狗们正在吃饭、粥、肉、菜混合的“套餐”，那么奉劝你还是赶快“闪人”。这种“套餐”淀粉、脂肪含量都很高，却缺乏必要的钙质和微量元素。长期吃这种食物的狗狗，大多会有不同程度的软骨病，毛和皮肤都不太健康。更要命的是，用这些剩菜剩饭养大的狗狗，十有八九长大了嘴都很馋，非常喜欢到处找垃圾，且不会拒绝任何人赐予的食物，遇上陌生人扔过来的有毒食品，也丝毫没有防备能力。

而正规的售犬场所，一定是以

专用狗粮来喂狗狗的。狗粮定时定量干喂，清水另外放置，既干净，又不浪费。所用的狗粮，根据狗狗的生长和运动需求特别配制，营养成分全面，利于消化，狗狗也长得健康，只要稍加训练，就不会养成坏习惯。

狗狗精神面貌如何

一只健康的狗狗，应该是活泼好动的，对任何新鲜事物都表现出既好奇又恐惧的模样。这样的狗狗性格很正常，能够和主人进行应有的互动，训练起来也比较容易。

而如果你发现狗狗只对食物感兴趣，或是看到生人就迟疑不前，紧紧夹着尾巴，这样的狗狗就可能很缺乏环境训练，对适应新的生活环境比较费力，以后训练起来特别麻烦。除非你有足够的耐力，愿意忍受艰难的训狗过程，否则还是另选一只吧！

动手检查，狗狗的身体状况怎么样

◎**耳朵：**将狗狗放在一个平稳的地方，用手在它的侧面、后脑勺处打响指。如果它的反应是主动循着声音源的方向去寻找，说明它的听力是正常的，没有任何障碍；相反，如果它对声音一点反应也没有，那它十有八九是听不到外界任何声响。

接着是把它的耳朵外翻，观察耳朵里面的状况：如果有异味或黏稠状附着物，或者有红肿、外伤、出血等情况，说明它内耳有损伤，或是有耳部寄生虫，这些都是不健康的表现；如果无任何异常，则说明这只狗狗耳部完全健康。

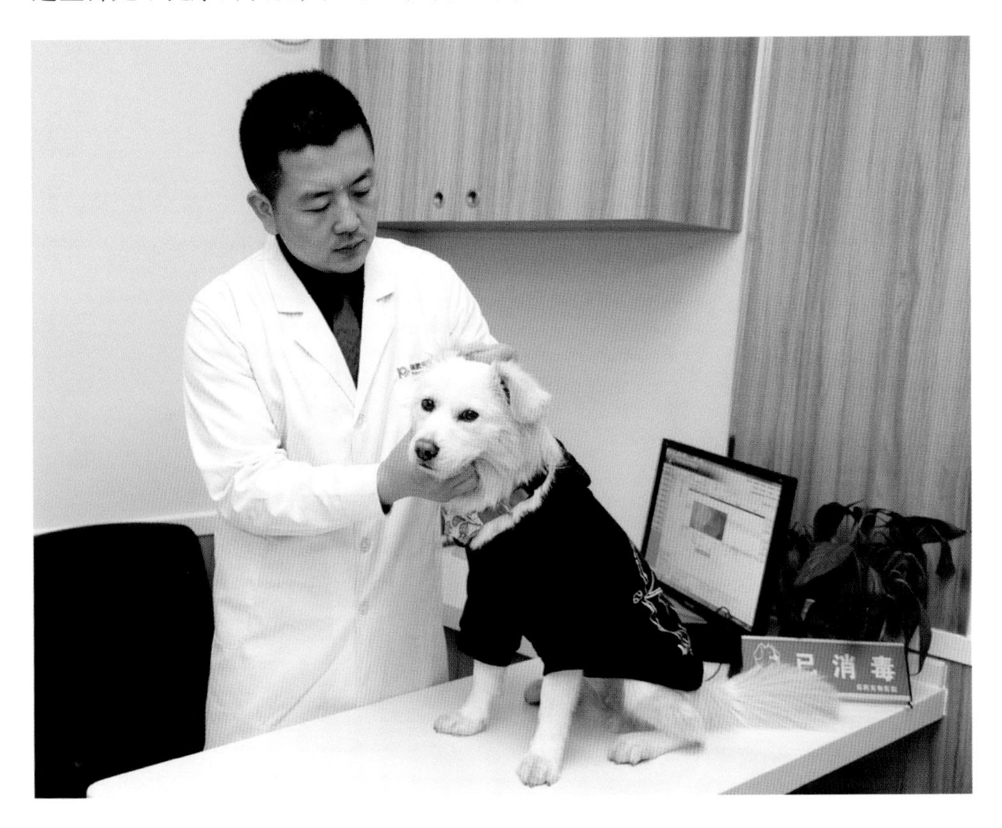

◎**口腔：**健康的狗狗嘴里除了唾液外，不应有其他异样分泌物，也不会有异样的口气，反之则说明狗狗饮食结构有问题，可能营养不良。另外，健康狗狗的牙齿应是白色的，如果有牙垢，或是牙齿有损坏，都可能存在轻微的健康问题。不过，口腔分泌物、牙齿、口气都不属于原则性问题，不至于成为放弃选购这只狗的理由，稍加调理，狗狗将来或许可以恢复健康状态。

但如果牙龈出现问题，那就比较严重了。狗狗牙龈应是粉红色的，如果牙龈呈灰白色，则有可能是狗狗身体虚弱、营养不足、先天性贫血等疾病引起的。这种狗狗潜在病因太多，最好还是不要购买。

◎**鼻子：**除了刚睡醒的狗狗鼻子是干燥的以外，在其他正常情况下，它们的鼻子都应该是湿润的，且鼻涕颜色透明。若狗狗的鼻涕颜色为黄色，且伴随有“呜呜”的咳嗽声，说明狗狗可能已经患上了某种呼吸系统疾病，如肺炎、上呼吸道感染，或是犬瘟热前期。

◎**眼睛：**正常狗狗的眼睛应是清澈干净的。若眼睛充血、眼球有白膜、眼角有大量眼屎等都算是不健康的表现。挑选时，可将它放在一个较高的位置，并用手在它眼前晃动，如果它表现出恐惧，但不向下跳，而是视线跟随你的手晃动，说明它的视力正常，无明显疾病症状。

◎**皮毛：**检查狗狗皮肤，主要是看它有无皮肤病或体表寄生虫。其方法是：用手轻轻分开狗狗的毛发，如果狗狗全身皮肤颜色为淡粉色，说明皮肤健康。检查时主要看狗狗嘴巴周围、脖子下面、耳朵后面、腋下和大腿处的皮肤，因为这些地方很容易长螨虫。如果这些地方的皮肤是呈块状或片状的红色，说明狗狗已经感染了螨虫或者真菌，建议不要挑选，这种病治疗起来很麻烦，而且很容易复发。如果在狗狗毛发里发现了很多黑色小颗粒，并且皮肤颜色不正常，说明狗狗身上可能有跳蚤。

◎**脚垫：**成年狗狗的脚垫比较丰满、结实，幼年狗狗的脚垫比较柔软、细嫩。如果狗狗脚垫出现干裂状况，说明它营养不良。幼年狗狗脚垫若很坚硬，则非常有可能是犬瘟热的前期表现。

狗狗接种疫苗的记录完备吗

注射疫苗是防止狗狗患传染病的唯一方法，不经疫苗接种的狗狗，一旦感染疫病，死亡率接近100%，即使狗狗侥幸存活，也可能会留下终生的后遗症。狗狗一般在2月龄时接受第一次疫苗注射，以后每隔3~4周重复免疫一次，前后共3次，之后便可以每年正常接种1次。

所以，一只狗狗至少需3.5个月的时间，才能完成幼犬期的疫苗注射，一般正规狗社都应该能提供与狗狗年龄相当的完整疫苗记录。

在挑选狗狗的时候一定要注意，不要随便听信商家或原饲养人的话，而应该结合外观观察判断，并索取狗狗的疫苗接种记录证明，眼见为实。如果狗狗看上去明明只有一个多月大，对方却告诉你："疫苗已经全部打好啦！"这显然是不符合事实的谎言，千万不要相信。

历经重重考验，终于选定了一只属于自己的可爱狗狗。这时，请为它把好最后的健康关——尽快送狗狗去正规宠物医院做个全面体检，这样才能做到万无一失，让狗狗成为你家里快乐的一分子！

5.找和自己性格相近的狗

选狗狗，是不是只要健康就好？当然不是。健康是基础，狗狗的性格是否和自己合拍也很重要。但“狗不可貌相”，狗狗性格如何，一时半会儿是很难判断的。人们评价小孩子，常常说是“七岁看老”，可对于小狗狗们来说，要“预言”它们长大之后的性格如何，却并不是那么容易的。其实，选狗狗就如同赌博一样，如果运气好，可以抽个“上上签”，选到一只和自己投缘的乖狗狗；而若是运气不好，抱回家的可能是让人头疼不已的“小冤家”。

选狗狗不能只求合眼缘

有句老话说得好：“龙生九子，各有不同。”更何况是以“群”计算的狗仔，这可难为了选狗人，所以许多人干脆只求“合眼缘”，看见哪只活泼可爱，就随便抱一只回家。然而，有过养狗经验的人都知道，选择狗狗时，那种会自动上前摇头摆尾、缠着你不放的家伙，领回家后很可能是野性十足、很难驯服的主，会弄得家里不得安宁。相反，那只躲在后面的“害羞鬼”，虽然缺乏“热情”和勇敢，却能成为渴求生活宁静人士的最佳伴侣。因此，选狗狗不能“一见钟情”，活泼的狗狗当然更加惹人疼爱，但也很可能成为你日后的负担。

选狗狗时间要准确

挑选狗狗的时间，也会影响买狗人判断狗狗的性格。比如，狗狗吃饭时，最厉害的那只狗狗肯定会冲在最前面抢食，饱餐一顿后，就会回到自己的地盘呼呼大睡，对任何人的到来都不理不睬。反倒是没抢到食物的狗狗，会在其他狗狗吃完后，再慢吞吞地前去就餐，这样的狗狗通常吃不饱，所以看到来人后很可能“欣然前往”，向你祈求食物。

如果你想养一只骁勇善战的狗，那种会抢食的狗狗最适合不过了。但如果你想养一只性格温顺的狗，那种老是抢不到食物的可怜狗很是不错。当然，有时会抢食的狗狗虽然健康，但长期养成的“抢夺”习惯，很可能在到了新家后依然保持这种习性，这时训练起来就相当困难，如果选中了这种狗，一定要先做好十足的心理准备。另外，抢不到食物的狗，也很可能会因为长期吃不饱，而出现营养不良。所以在选购狗狗后，别忘了进行一次由内而外的全面检查。

四项行为测试，分析出狗狗的性格

有些经验丰富的养狗者，在狗狗出生一两个月时，就能从行为上分析出它们大致的性格。但为了能让这种分析更具客观性，可以在狗狗两个月大时，在其最活跃的时间里，带它到一处陌生而宁静、没有任何事物分散小狗狗注意力的场所，进行以下四项行为测试。

◆社交能力

将狗狗放在安静的地方，买狗人半蹲在狗狗前面1~2米处，呼唤狗狗前来。如果狗狗竖起尾巴，直奔买狗人而去，说明这只狗狗充满了信心，喜

欢社交，性格“外向”，对于有充足时间陪狗狗玩耍的人士非常适合。

但如果狗狗对于呼唤无动于衷，说明这只狗狗要么存在听力问题，要么个性独立、性格冷漠，对于社交没有太大兴趣，也不喜欢跟人交流，将来不大喜欢被人驯养。

如果对于买狗人的呼唤，狗狗表现出犹豫不定，想靠近又有点畏惧的样子，并且尾巴一直低垂着，说明这只狗狗胆子较小，将来肯定会非常依赖主人。

◆追随能力

买狗人先站起来慢行，一边走一边呼唤狗狗，以吸引狗狗追随自己的脚步。这时，自信心强而且懂礼貌的狗狗，很可能会主动追随。

性格强悍、统领意识强的狗狗，会奔到买狗人前面，引领买狗人向前，或是在买狗人身边绊手绊脚，并将买狗人甩在后面。

性格比较柔弱的狗狗，对于买狗人的行动很可能反应不大，甚至毫无反应。买狗人的举动还可能使它很快走到别处，以逃避“灾难”。

◆服从能力

将小狗狗翻倒在地上，让它呈现“四脚朝天”的姿势，然后用一只手按住狗狗的胸口，并微微用力，使狗狗不能动弹。在按住的过程中，买狗人眼睛和狗狗眼睛对视半分钟。狗狗的眼睛非常善于交流情感，如果此时狗狗努力挣扎，并且在和买狗人对视的过程中，目光毫不闪躲和畏惧，说明这只狗狗很强悍，只适合有丰富训犬经验的人士领养。

如果此时狗狗努力挣扎，随着时间的推移，对视的目光却逐渐变得飘忽不

定，说明这只狗狗刚中带柔，训练相对较容易，只要主人掌握正确的训练方法，狗狗将来肯定能具有较高的服从性。

而如果此时狗狗从头到尾都不动，对视的目光也总是游移着，说明这只狗狗绝对是个“胆小鬼”，平时不会给你制造麻烦，但也不要指望将来它给你看家护院。

◆适应能力

将狗狗的两只前臂抬高，站起来约半分钟，看看狗狗在自己不能控制的环境中是如何应付的。如果狗狗能顺势躺在买狗人的臂弯里，说明这只狗狗适应能力很强，将来到了陌生的环境也不会恐惧。

相反，如果双臂刚刚被提起，小狗就开始不断挣扎，这就表示它不愿意受教于人，对于自己不能控制的环境具有比较强烈的抵抗心理，这样的狗狗适应能力比较差，而且很难驯服。

对于以上测试，如果每一项中小狗都表现得非常强悍，则说明这只狗狗具有强烈的支配欲甚至是攻击性，不适合没有驯养经验的人初次领养，也不适合喜欢安宁的家庭生活的人士驯养。如果小狗狗具有强悍和温柔的双重性格，表明这种狗狗在日后的训练中，很可能变成优秀的伴侣犬和出色的工作犬。但如果过分敏感，对什么事情都没有兴趣的狗狗，则非常适合只想找只狗狗做伴的人领养。

最后，考虑狗狗性格时，应将狗狗品种包括在内，比如说有些猎犬天生喜欢掘洞，这并不是狗狗凶悍的证据，只是天性使然。如果家里正好有翠绿的草坪、灿烂的花圃，而你又不想让草坪和花圃遭到破坏，最好考虑换别的品种，这样才能与狗狗“志同道合”。

6.做个有准备的养狗人

当心爱的狗狗被你带回了家，即意味着你养狗的生活正式展开。从这一天开始，你和狗狗的幸福生活就要轰轰烈烈地开始啦！

但先别高兴，养狗并不是件容易的事。你和狗狗都需要一个适应的过程，这个过程需要你具有十足的耐心和信心。一个好的开始是成功的一半，若想要和狗狗开始快乐的生活，不妨看看以下几点建议吧！

为欢迎狗狗的到来，消除家中一切潜在威胁

别急着把狗狗领回家，在这之前先得把家中整理一番。千万别小看狗狗翻箱倒柜的本领，尤其是没有经过训练的小狗，会到处乱咬乱抓东西，如悬挂的

电线、厨房的垃圾等。所以，在狗狗进家门之前，你就要将家中可能造成伤害的物品收好。此外，还要检查一下花园的篱笆，看看有无狗狗可以钻出去的小洞，以防走失。

抱狗狗的姿势，应双手并用

家中一切准备就绪，就可以抱狗狗回家了。注意在抱狗狗的时候，应该一只手以拇指、食指、中指分开的姿势护住狗狗的胸部，并用这只手夹住两条前腿，另一只手托起狗狗的后腿和臀部，这样可让狗狗感觉到温暖和舒服。绝不可以提狗狗的耳朵、尾部或背部的皮毛，否则很容易让狗狗觉得不安，从而产生恐惧感，大喊大叫。

狗狗回家第一件事：好好休息

幼小的狗狗刚到家时，一路的奔波可能让它疲惫不已，此时它最想做的

事就是睡觉。这时，尽量不要拖着它到处熟悉家中环境，一切等它睡醒了再说，否则很容易影响狗狗的健康成长。当然，如果是已经比较成熟的狗狗，性格活泼好动，一进家门就好奇地东张西望，你当然可以陪着它开始熟悉新的环境。

对付狗狗害怕型的哭声，不能吼不能哄

刚刚抱回的幼年狗狗，在刚开始的一两天，到了夜里或许会因不习惯新环境而哭叫，这时该怎么办呢？对它大吼一顿，还是哄它入睡？似乎两者都行不通：大声喝止会把它吓坏，从而养成胆小懦弱的性格；一哭就抱着哄，又很容易让它养成依赖的心理和撒娇的习惯。这还真是让人头疼。

别急，这时不妨用一块大毛巾或报纸盖住狗窝，狗狗的哭声就会有回音，可从一定程度上消除狗狗的恐惧感，慢慢地让它安静下来；或是拿一只“嘀嗒”作响的钟表，裹着毯子放到狗窝里，狗狗就会把那当成是妈妈的心跳，当然就不再害怕和慌乱了。当然，你也可以从狗狗前一个主人那里拿些幼犬熟悉的东西，比如犬舍中的被褥等，但最好先消毒后再使用。

安排狗狗的活动场地

如果白天家中没人，一定要限制狗狗的活动范围，可把它放在一个宽敞、通风、食水充足的大笼子里，这样不但能保护家里的物品不遭破坏，更能避免狗狗独自在家游荡可能发生的危险。当然，这种“幽禁”狗狗的做法，只局限于可塑性强的幼犬阶段。如果你平时有空闲时间，就应该尽早回家，让它在你的看护下自由活动。

俗话说，万事开头难，随着时间推移和感情加深，你和狗狗相处的日子会越来越轻松快乐。

7.让狗狗恋上狗笼

可爱的狗狗被请回了家，可身为主人的你，因为工作、外出等原因，不能时时刻刻和狗狗相伴。把狗狗独自留在家里，又担心狗狗在家“荼毒”家具，四处破坏，怎么办？训练狗狗肯定是来不及了，这是个长期性问题，有待日后慢慢斟酌。最好的办法是给狗狗准备一个别致的狗笼。刚回家的幼狗可塑性强，虽然刚开始被关到狗笼里时，可能会狂吠不止，但只要你有耐心，方法正确，小狗狗能很快适应这里的环境，并逐步爱上自己的新家。

别让狗狗久居囚笼

狗笼虽然是狗狗的“家”，但千万别让狗笼成为可怕的牢笼。有些主人贪图省事，无论是漆黑的晚上，还是阳光明媚的白天，只要自己没空，就永远将狗狗关在狗笼里。这好比关押犯人，对于狗狗的身心是一种摧残。更何况是初到新环境的小狗狗，更不能容忍这般“幽禁”，于是乎它就在狗笼中不停地吠叫。这不仅对它的健康不利，而且会影响家人的正常作息。

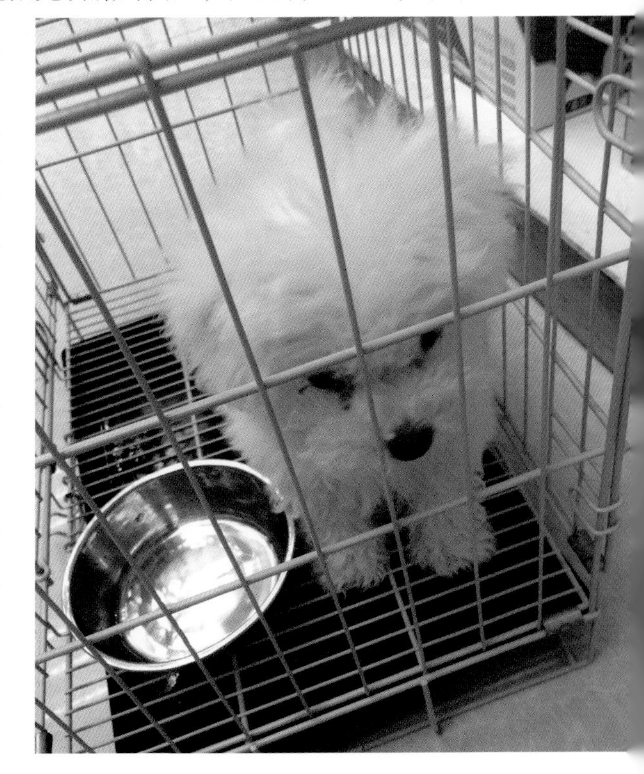

所以，不要随意将狗狗锁在笼子里。需要让狗狗进笼的情况只有两种，第一种是短时间内没人在家，可以将它暂时关进笼子里，但时间不能太长；第二种是晚上睡觉时，可以让狗狗睡回自己的狗窝。除这两种情况以外，一般不要让狗狗长时间待在笼子里。减少狗狗在狗笼内的时间，要让它明白狗笼不是“冷宫”，不是用来接受惩罚的地方，那里也是狗狗的另一个家。

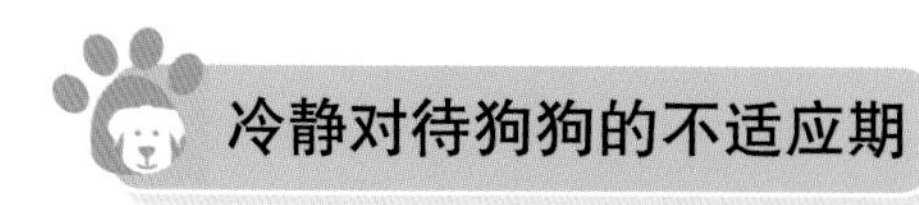

冷静对待狗狗的不适应期

很多人都会遇到这么一个问题：最开始将狗狗关进狗笼时，狗狗很可能会叫个不停。当狗狗在狗笼内吠叫时，无论主人如何轻声哄骗，或是敲打狗笼，都可能毫无效果。

事实上，狗狗这般歇斯底里，也不过是想吸引主人前来探望一眼，哪怕是呵斥，狗狗也会心满意足。但狗狗不懂是非，主人只要前往“探视”，狗狗一律会视为关心，这时就算你批评狗狗累到口干舌燥，转身之后狗狗照样会大叫。

面对这种情况，最好的办法就是对狗狗的喊叫不闻不问。时间久了，狗狗也会觉得累，自然就停下来，慢慢习惯狗笼，并愿意在狗笼中多待一会儿。另外，为了让狗狗感觉到主人的爱，可在狗笼内的四周都铺上软软的毛巾，将冰凉的铁栅栏隔离开来，或是将狗狗心爱的玩具放在狗笼中，转移狗狗注意力，从而延长它安心待在狗笼内的时间。此外，对狗笼的卫生也要多加注意，比如笼内的毛巾要定期更换，否则，肮脏的狗笼也会让狗狗“望而生厌”。

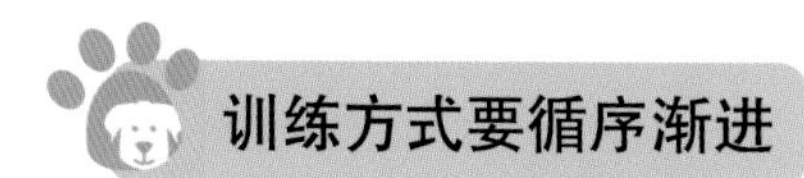

训练方式要循序渐进

训练狗狗喜欢进狗笼，可采用递进式方法。首先，将狗狗放在笼子中，初次训练的时间最好短一些，可以控制在10分钟以内。在狗狗进笼的这段时间里，你可以在它的视线范围内做做其他的事，比如扫地、拖地等，或者坐在沙发上看电视。如果在10分钟内，狗狗没有吠叫，则可对它进行奖励。但这奖励一定要在狗笼内进行，千万不能将狗狗放出来后再进行，否则狗狗会为了得到奖励，更加拼命地挣脱狗笼，训练就会前功尽弃了。

当狗狗在狗笼里的10分钟表现良好，你就可以逐步将时间延长至20分钟、30分钟，直至一天，并且随着时间的延长，你要尝试暂时“消失”在狗狗的视线范围内。等到它安静后，再对它进行奖励。千万不能对狗狗“有求必应”，否则狗狗很难适应狗笼，日后的生活训练也会变得更加困难。

8.防破坏就要备足狗玩具

你也许不知道，狗狗的破坏力是十分惊人的，沙发、柜子、皮鞋、书籍……都可能成为它恶作剧的战利品。而要防止家中物品遭到狗狗的“毒手”，有一样东西是不可缺少的，那就是狗狗玩具。

有了玩具，狗狗就可以在玩耍中发泄多余的精力，缓解精神压力。特别是在换牙之际，狗狗喜欢在家中乱咬东西，有了玩具作为替代品，狗狗就能借此磨牙了，家具也就安全多了。从这个角度看，玩具可谓是主人家物品的“保护神”。

狗狗玩具如何分类

和人类的玩具一样，狗狗的玩具也是种类繁多、样式各异。按照材料来区分，大致有以下5种。

硬胶质玩具

耐撕咬程度 ★★★★★

硬胶质玩具由橡胶等材料制成，有一定的韧性，经狗狗撕咬后会有一定程度的变形，但片刻即可恢复原状。这类玩具很耐磨，容易清洁，适合撕咬欲望非常强烈的大中型狗狗。

软胶质玩具

耐撕咬程度 ★★★★☆

软胶质玩具由聚乙烯和乳胶等材料制成，捏起来非常柔软，表面平整，很容易清洁。而且这种玩具颜色众多，大部分都带有哨子，狗狗只要用力一咬，玩具就会发出“咯吱咯吱”的响声，适合没有攻击性撕咬习惯的狗狗。

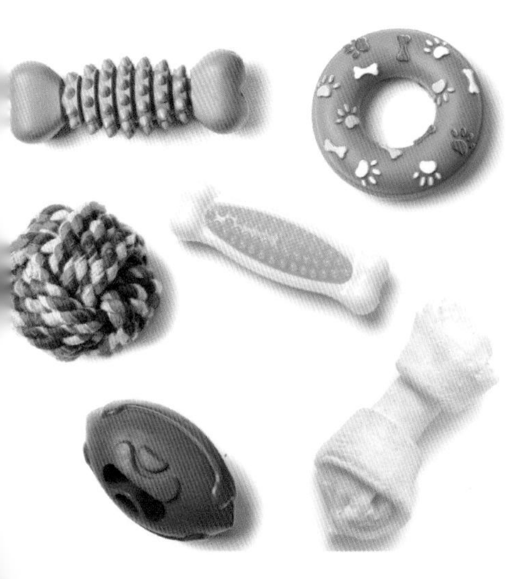

绳索类玩具

耐撕咬程度 ★★★☆☆

绳索类玩具一般由尼龙或棉质材料制作而成，耐撕咬程度不高，非常适合撕咬动作不猛烈的狗狗玩耍。且这种绳状捆绑的玩具质地不软不硬，狗狗撕咬时，还能顺便帮助狗狗清洁牙齿。但这种绳状结构的玩具很容易藏污纳垢，要经常清洗，以防狗狗通过玩具将细菌带入体内。

帆布类玩具

耐撕咬程度 ★★★☆☆

帆布类玩具的形状多样，可以做成星星、骨头、钥匙等各种模样，很讨狗狗喜欢。而且帆布类玩具清洗方便，能时刻保证玩具卫生安全。但帆布类材料不够结实，如果面对的是成年狗狗，它们三下两下就能将玩具变得面目全非，所以只适合撕咬动作不太猛烈的小型狗狗玩耍。

毛绒类玩具

耐撕咬程度 ★★☆☆☆

毛绒类的玩具，最大优点就是触感非常柔

软、暖和。毛绒玩具在人类玩具世界中就极受青睐，狗狗同样也很喜欢。尤其是喜欢拖着玩具到处跑的狗狗，毛绒玩具是首选，因为它不会划伤地面。但毛绒玩具也有缺点，那就是不耐磨、清洁不方便。

此外，如果狗狗有剧烈的撕咬习惯，最好不要为其选择此类玩具，以免狗狗用尖利的牙齿将玩具撕开，将里面的毛绒吞到肚子里，影响健康。一旦发现这种玩具有破损，一定要立即进行修补，以绝后患。

如何为狗狗挑选安全的玩具

给狗狗挑选玩具前，首先得弄清自家狗狗的类型。

一般大型工作犬比较青睐大块头、经咬、耐拉扯的玩具。它们拉扯撕咬玩具的目的，除了寻找乐趣之外，还能锻炼自己的体能和扑咬能力。为了安全起见，应挑选一些比较耐用、不易咬碎的玩具，如硬胶质或软胶质类玩具。

金毛犬、拉布拉多犬之类，天生就有衔回物品的喜好，它们更喜欢球类运动。通常小小的一只球，就能让它们心无旁骛地玩上一两个小时。帆布、硬橡胶等材质的玩具都很适合它们。

而小型宠物犬对玩具没有什么特别的要求，“狗咬骨”、球类、布娃娃等玩具统统来者不拒。软乳胶类玩具比较柔软，并且玩具五颜六色，有的甚至会发出“吱吱”的声响，能让狗狗玩得更带劲。

如何让狗狗玩具保持清洁

一定要定期给狗狗玩具做清洁，清洗的方法很简单：将玩具放在有清洁剂的水中浸泡，然后用清洁剂或肥皂仔细清洗玩具的每个角落；接着用大量清水冲洗，注意一定要冲干净；最后将玩具放在太阳下暴晒消毒，晾晒时最好将玩具挂在狗狗看不见的地方，以免湿玩具被狗狗叼走。

第三章

当好狗狗的营养师

1.狗狗进食要定时定量

人类的养生之道，是吃饭时间有规律，不暴饮暴食。这种简单的生活常识，对狗狗来说同样适用。每天定时给狗狗喂食，能有规律地促进狗狗胃液分泌和肠道蠕动，使饥饿感加剧，食欲大增，对进食和消化都大有益处；而不定时喂养，则会破坏这一规律，不但影响狗狗进食量，还容易导致消化道疾病。

那么，什么样的进食习惯最适合狗狗呢？首先要让狗狗保持进餐规律，谨记用餐次数，此外每餐的进食量，食物温度等，都有不少讲究。

谨记用餐次数

为满足狗狗生长中身体的营养需求，每天给狗狗喂食的次数应大致如下：从狗狗断奶到3个月大时，每天3~4次，早餐8点左右，午餐1点左右，晚餐6点左右，或外加一次夜宵；3~8个月大时，每天2~3次；8个月以上时，可改为每天1~2次，但1岁以后，每次喂食后都要带狗狗出去溜达，保证运动量，否则狗狗吃得再好也不能很好地吸收。

养好用餐习惯

用餐时，要让狗狗养成专心用餐的习惯，限定30分钟内用餐完毕。无论狗狗有没吃完，都将饲料收起来，等到下一次正餐时间再提供，不让狗狗从小养成想吃就吃、不想吃就等会儿再吃的陋习。饲料的温度以在40℃左右为最好，避免过冷过热，否则容易导致狗狗消化不良。

如果狗狗已经养成了随时随地吃饭的坏习惯，可以在调制狗狗饲料前，对狗狗摇铃，让它有意识地进入等待就餐预备状态，促进消化系统兴奋，从而让狗狗逐步忘记原来不规律的饮食习惯。做到这点，要求主人持之以恒，千万不能三天打鱼两天晒网，不然对狗狗的训练会前功尽弃。

限定每次的用餐量

养过狗狗的人都会发现，狗狗吃饭的样子还真有点像吸尘器，用舌头舔舔食物，不经咀嚼，食物就到了胃里，就一会儿功夫盘子里空空如也。这样神奇的举动常让主人误解：狗狗这么狼吞虎咽的，是不是饿极了、没吃饱呢？

其实，这只不过是狗狗从狼那里遗传的天性而已，狗狗臼齿十分尖锐，却没有磨合面，不能像人一样细嚼慢咽。所以给狗狗喂食，需要遵守一个原则：无论给多大的狗狗喂食，七分饱刚刚好，不能过量，哪怕是它们表现出“饿死鬼”般的模样，也不能让它吃得太多，否则很容易导致狗狗出现腹痛等不适症状，影响下一次的进食。

到底给狗狗喂多少食物才正常呢？答案很简单，如果你给狗狗喂的是干粮，按照干粮包装袋上的喂食建议量来分配就行了。如果你是自己制作狗粮，可按照狗狗头部大小来配制，每餐的量和头部大小差不多即可。

狗狗饮水规律

狗狗要保持健康，绝对缺不了水的帮助，而且水在狗狗体重上占的比例很大，在成年狗身上约为60%，在幼犬身上约为80%。水能维持狗狗正常生理活动和新陈代谢。狗狗体内各种营养成分的消化吸收和运转，代谢物的排泄，体温的调节，内分泌、血液的循环等，都离不开水的参与。对于狗狗的健康来说，水比美食更重要。

通常情况下，按照体重计算，成年狗狗每天每千克体重需要80~120毫升的水，幼年狗狗每天每千克体重需要140~170毫升的水。狗狗的饮水量会因季节、饲料种类的不同，呈现出差异，冬天的饮水量明显比夏天少。但在日常饲养中，你可以全天给狗狗提供自由饮水的机会，尤其是在喂食时一定要同时给予充足的清水，否则过于干燥的食物易导致狗狗消化不良，出现便秘等情况。

但是，当狗狗出现呕吐、腹泻时，就一定要禁食、禁水，等到呕吐症状基本消失后才可以给它喂水或喂药，否则狗狗一喝水就会吐，严重时还会导致脱水，严重威胁狗狗的生命安全。待狗狗病情有所缓解后，可在给狗狗喝的水里加入一些葡萄糖，补充水分的同时，还有助于身体的恢复。

狗狗的最佳身材，以呼吸时能清晰看见肋骨为准。如果狗狗背部脊骨明显，就算不呼吸也能看到肋骨，说明狗狗偏瘦；如果狗狗身体浑圆，吸气多次也看不见其肋骨，说明狗狗很有可能正向“迷你猪”的方向发展，这时你该做的就是调整并控制狗狗食量。

2.狗粮也分主食和零食

和人类五花八门的饭菜分法一样，狗狗的食物主要有主食和零食两类，主食是指干粮和罐头食品，零食有饼干、牛肉干等。

狗狗美食品种数一数

◎**干粮：**一般来说，各种品牌的干粮营养成分相差不多，但因食物配方不同，针对的狗狗年龄和品种也大不同，比如幼犬吃易消化的幼犬专用粮，成犬吃能量型成犬粮等。干粮营养成分比较稳定、均衡，狗狗在采食过程中还可以顺便清洁牙齿。

◎**罐头食品：**根据价位的高低，营养成分相差也很大。高价位的，用的是比较好的肉质材料；低价位的，则多半是采用未搅碎的动物内脏。罐头食品的优点是维生素成分不易流失，味道可口，缺点是肉类多，导致狗狗的粪便臭味较浓，长期食用容易造成牙结石。干粮虽不及罐头味美，但容易消化吸收，粪便也不会很臭。

◎**零食：**零食可使用于狗狗的生活训练中，作为狗狗受奖励时的奖品。主人千万不要自己一吃零食，就让狗狗也尝尝鲜，如口香糖、冰淇淋、蛋糕等，否则容易让狗狗长蛀牙或发胖，让狗狗形成正餐没胃口的不良习惯。

狗狗美食挑选有绝招

掌握了狗粮的种类，接下来就要学着如何挑选了。这是个棘手的问题，面对越来越多的品牌和口味，真是让人挑花了眼，不知道哪种狗粮才是适合家中狗狗的上选。这时，不妨看看狗粮袋子背后那些密密麻麻的小字吧，通常这些小字就是这款狗粮质量的准绳，透过这些小字，你可以判断一种成分在狗狗食品里究竟占了多少分量。

专业的狗粮中，成分列表按重量递减的方式排列，如鸡肉在成分标签列表中排第一位，则说明该狗粮中鸡肉是主要成分，其他成分含量则相对较低。在购买狗粮时，如果正面写着“鸡肉味”，可背后的成分配比中，鸡肉却没有排在第一位，那就说明这款狗粮名不副实；若排在第一位的“肉”，没有具体写清是什么肉，则多半是指品质不良的肉。如果是这两种情况的狗粮，最好不要购买，以免对狗狗健康造成不利影响。

3.按年龄喂不同的狗粮

人类从出生到成年，在食物喂养上要经历无数次的调整，刚出生时喂母乳、牛奶，稍大一点会添加粥、汤之类的流质食物，再大一点就会学着吃米饭……狗狗和人一样，因其年龄阶段决定了狗狗的肠胃消化功能，所以狗狗套餐也要根据它的实际消化能力进行科学配置。

出生至2月龄

小狗刚出生时，吃母乳；到长牙时断奶，就可以开始吃流质的食物，如加温开水调成糊状的肉罐头，或是加热水泡软的幼犬干粮；而到了2月龄时，狗狗就可直接食用幼犬狗粮了。

3月龄时

到了狗狗3月龄时，食物的成分和数量基本与2月龄相同，但由于狗狗一天天地长大，在食物分量上，应该每隔3~5天增加1/5左右。3个月大的狗狗开始调皮，对什么事物都充满了好奇心，对食物却没有鉴别能力，这时你就要时刻提防它乱吃东西，若有意想不到的东西进入它的肠胃内，如纽扣、小石子、针、钉子、塑料等，很容易损伤胃肠黏膜或造成肠梗阻。如果发现狗狗有剧烈呕吐、腹痛症状，应马上送宠物医院做X光检查，看体内有无异物。

4月龄时

到狗狗4个月大时，可喂4月龄的狗狗专用干燥犬粮和米饭，或将煮熟的肉、菜及肉汤一起加入犬粮中调和，并添加钙粉等营养物质。狗狗在生长发育阶段，并非每个部位都均衡生长，而是“主打”一个或几个部位，如出生至3个月时，主要生长躯体和增加体重，4~5个月时主要增长体长，6~7个月后主要增长体高，8个月时基本达到成年。所以，狗狗生长发育期间除保证足够的营养物质外，还要注意营养均衡。

狗狗4月龄后，对钙需求量逐步增大，此时若没有得到足够的钙质，很可能发生佝偻病，四肢长骨变形或关节肿大，出现“O”形或“X”形腿。这时你不仅要在食物上下足功夫，还要经常带狗狗晒太阳，补充体内所需的钙质。另外，在遛4个月大的狗狗时，时间不能太长，也不宜在马路上散步，而应选择比较柔软的草地或泥土地，以防止狗狗运动量过大，影响它的健康成长。

5月龄时

到狗狗5个月大时，可在4月龄食物的基础上，适当增加食物的量，尤其是增加米、面、豆类等食物的分量，因为这些食物可提高狗狗对植物蛋白的消化

率，而植物蛋白能增加狗狗皮毛的光泽度；或偶尔在食物中适当加入牛肉、鸡肉等肉制品，这些食物对狗狗的皮肤非常有益。狗狗 5 个月大时，千万不能用切成块的生肉直接饲喂，因为这个阶段的狗狗味觉灵敏，一旦习惯血腥味，就会对以后的食物非常挑剔，兽性大发时可能还会攻击人类或其他动物，很具危险性。

6~7月龄时

狗狗6~7个月大时，食量为一生中最大，平均每餐要吃下用直径10~15厘米的汤碗装满的食物。食物品种基本同4~5月龄。

8月龄至成年

狗狗8个月时，体型已接近成年犬，但内脏器官仍在生长发育，所以，在这个月应继续喂给狗狗足够的营养食物，并可适当添加蔬菜、水果，促进狗狗消化吸收功能。

狗狗喜欢啃骨头可谓是天生的癖好，从断奶开始就已有这种意识，所以从狗狗 3 个月大时就可让其练习啃骨头。值得注意的是，鸡骨头绝对不适合狗狗，因为鸡骨头不像实心的猪骨或是牛骨，它是中空骨构造，咬碎后会成为片状或颗粒状，就像锐利的刀片，被狗狗吞进肚后很有可能会刮伤、刺穿肠道，对狗狗造成巨大的伤害。

4.这些食物狗狗不能碰

狗狗有个习惯：当你吃东西时，它会跳上沙发，水灵灵的眼睛可怜兮兮地望着你，眼神中充满了乞求，仿佛在说："给我也分点儿吧！"这个时候，许多主人会心软，赶忙将手中零食分一半出去，与狗狗共同"分享"，以为这样就是爱护狗狗。

其实，人与狗狗的饮食结构是不同的。所谓"甲之蜜糖，乙之砒霜"，如果不了解狗狗的饮食禁忌，擅自把人类食物分给狗狗吃，很可能造成严重的后果。所以主人们一定要记住，对狗狗来说，以下这些食物是绝对不能碰的。

巧克力

巧克力虽然味美，却是狗狗的毒药。它含有大量的咖啡因和可可碱，严重干扰狗狗的心脏和中枢神经的正常运作，轻则影响消化，引起腹泻，重则不停呕吐、抽搐，甚至还可能导致死亡。有时候，狗狗吃一两块巧克力，并不会表现出明显的中毒特征，但如果剂量达到一定程度，狗狗就会有致命危险。

较硬的骨头

“狗狗吃骨头”似乎是一件常见的事，但对于家养狗狗来说，如果骨头太硬，也可能致命。尤其是鸡骨头，一般都非常尖利、细小，很容易划破狗狗的消化道。而那些较大的骨头，也一定要煮软之后再喂给狗狗，因为骨头在咬碎之后，仍然可能形成锋利的小碎片。

洋葱

洋葱含有二硫化物，这种物质对人体无害，但对狗狗却是毒药。一两片的洋葱，就可能破坏狗狗体内的红血球，导致狗狗贫血。即使是烹煮过的洋葱，也仍然含有这种致病因子。

除洋葱外，和洋葱类似的辣椒、胡椒、花椒、大蒜等刺激性强的食物，都不适合狗狗食用，否则会刺激狗狗的肠胃道，并可能导致发病。

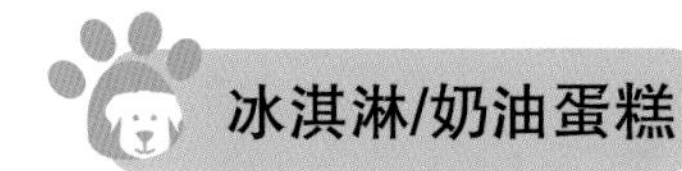

冰淇淋/奶油蛋糕

这两样食物虽然味美，但含有大量的糖分。而狗狗对糖分的反应非常敏感，如果摄入过多，很容易引起肥胖或者腹泻。

另外，含有大量糖分的冰糖、果糖等，都可能引起狗狗腹泻、脱水，抵抗力下降，各种致病菌、病毒也会乘虚而入，迅速、大量繁殖，从而导致狗狗患上更为严重的疾病。

腌肉

狗狗对盐的需求量比人类低得多。对人类来说非常适口的咸肉、咸鱼等食物，对狗狗就属于含盐量过多的高危险食物了。

如果每天给狗狗喂食和人类同等味道的饭菜，其实很容易让狗狗在不知不觉中吃进过多的盐分，导致身体出现结石、脱水、毛发生长不良等情况，严重时还会危及生命。

生肉

电影中许多豪爽的猎人，会在猎取到猎物后直接将生肉丢给狗狗吃。还有些主人为了赶时间，常用半生不熟的肉喂狗。但生活中却鲜少有人会告诉你，生肉和半熟的肉中，都含有可能会引起狗狗胃肠道疾病的细菌。

残肉剩汤

“吃不完的饭菜，喝不完的剩汤，丢掉了多浪费，何不给狗狗吃？”有这种想法的主人大有人在。但你千万不要忘了，狗狗有喜欢到处翻垃圾桶的习性，而你却不能培养它吃垃圾的习惯。更何况狗狗不是你家的泔水桶，人类的食物狗狗也不一定能消化，所以吃不完的剩菜剩饭不应成为它们的食粮。如果你想养育一只素质优良、家教良好的狗狗，狗粮才是最佳选择。

牛奶

对于饮用的水，狗狗没有特别的要求，凉开水、自来水、果汁都可，狗狗的肠胃并不计较，只要能补充水分就行。但有一样东西会让狗狗的肠胃异常敏感——牛奶。不要以为给狗狗喝牛奶是爱它的表现，要知道一杯牛奶下肚，可能会让狗狗的肠胃在很长的一段时间里翻江倒海。

因为普通牛奶中的主要物质是乳糖，乳糖在肠胃内需要乳糖酶的作用才能分解、吸收，而狗狗的消化酶中几乎不含乳糖酶，这使得牛奶在狗狗消化道内不能被吸收，特别容易因乳糖发酵导致狗狗腹泻、呕吐甚至是脱水死亡。

若想给狗狗喝奶补钙，可以到超市中购买经过处理的幼犬奶粉（注明“低乳糖”或“脱脂”）。但任何东西都不能过量，否则容易让狗狗养成偏食的坏习惯，若没有特殊需要，平时只要给狗狗喝清洁的白开水。

5.狗狗换牙期该吃点什么

通常来说，狗狗3~6个月大时会常常感到牙疼，因为这段时间狗狗的乳齿逐步脱落，而新的恒齿正在向外生长，新旧交替时期狗狗会有强烈的不适感。于是狗狗需要咬东西来刺激旧齿快速脱落，让新齿顺利长出，所以这时的狗狗会比平时更喜欢咬东西，甚至平时准备的玩具都不足以满足它的需要。

给狗狗吃小碎冰

在狗狗换牙之际，可给狗狗咬些小碎冰块。冰凉的感觉可让狗狗暂时忘掉长牙的疼痛，而且小小的碎冰含在嘴里，会让狗狗觉得异常有趣，从而转移注意力，以为自己发现了新零食，就不再乱咬其他的东西了。

当然，不能让狗狗大量食用小碎冰块，否则会引起腹泻。不妨采用另一种办法，将一块打了结的毛巾弄湿，放在冰箱的冷冻柜中，待其结冰后，再拿出来让狗狗咬着玩，这样既不用担心狗狗过多地吃下碎冰，又能让狗狗暂时缓解疼痛。

值得提醒的是，冷冻毛巾时一定要先打结，否则融化后的毛巾到处滴水，且容易让狗狗误以为家里所有的毛巾都可以用来玩耍，毕竟狗狗没有分辨“哪些毛巾可以玩，哪些毛巾不能动”的本领。所以，身为主人，切忌拿平整的毛巾给狗狗玩，更不要拿毛茸茸的拖鞋来诱惑狗狗，否则后果自负！

狗咬胶+蔬菜棒

因为牙疼，狗狗对于摆在面前的食物常常会表现出短时间的厌恶之情。可是几天不吃饭，又让主人们格外心疼，怎么办？这时不妨给狗狗准备一点狗咬胶、蔬菜棒之类的东西。狗咬胶是由骨胶、肉皮制成的食物，外表够硬，味道好；蔬菜棒外硬内软，形状也能引起狗狗的兴趣，这两种食物食用后都不用担心消化问题。

挑选狗咬胶和蔬菜棒等食物时，尽量选择一些乳白色、具有奶香味的产品，可更好地吸引狗狗的注意力，激发它的食欲。这些狗咬胶类的食物可充当玩具，狗狗可一边玩耍一边填饱肚子，主人再也不用为它担心。

6.改变狗狗挑食偏食的习惯

说到狗狗挑食或偏食的习惯，有些主人或许会两手一摊：“它就是不吃别的东西嘛，拿它一点办法也没有。”看看，狗狗之所以偏食，归根到底，主要责任在于其主人。因为狗狗平时吃的食物一般都是主人给予的，而主人们心疼狗狗，通常又都会选最美味的食物给它们吃，习惯了好吃的东西，挑食的陋习也就慢慢形成了。

下狠心纠正狗狗的挑食习惯

如果狗狗已经养成了偏食的陋习，那你

可一定要下决心来矫正。矫正的方法并不难，首先要做的就是带狗狗去看兽医。如果经医生确认，狗狗并不是因为生病而出现厌食的情况，那回家之后还是给它按时喂食。若狗狗此时还是用“老办法”来表示自己对食物的不满，看着食物迟迟不肯下嘴，那么你应该做的就是到规定时间后，立刻将食物撤走，让它等待下一次食物的到来。

到下一次喂食时，依旧如法炮制，哪怕狗狗两餐什么也没吃，你仍要狠心地将食物收走，并且不能更换食物的口味。这样做的目的，是让狗狗自己明白：要么吃下这些食物，要么没得吃，没有讨价还价的余地。不要担心狗狗会因此饿出毛病，如果你家的狗狗身体健康，饿上一两天也不会有什么大碍，要知道这可是整治狗狗挑食的最好办法。

借助药物力量让狗狗拒绝挑食

也可利用药物复合维生素B溶液来改善狗狗挑食的习惯。B族维生素可促进碳水化合物、蛋白质和脂肪的代谢，对改善狗狗食欲非常有效。将适量复合维生素B溶液倒在狗狗的饮水盘中，几天以后你会发现，狗狗居然将平常看不起的狗粮一扫而光。任何一家药店都能买到这种维生素。

矫正狗狗偏食的过程，算得上是你和狗狗比拼意志的较量。在这场较量中，如果你不幸败下阵，那你的狗狗很可能永远也改不了偏食的陋习。此时，劝你还是将狗狗送人，从此再也不要步入养狗的行列。否则，饲养一只意志比自己还坚定、拥有坏习惯的狗狗，那是件多么痛苦的事情啊！

第四章

绅士乖狗养成术

1.认识狗狗的肢体语言

许多人都说：“一只可爱的狗狗，就如同一个内心感情丰富却又不会说话的孩子。”的确，狗狗那无辜的眼神、好奇的表情，不正和孩子一样单纯可爱吗？可是，若将狗狗当成孩子来调教，那你就大错特错啦。要知道，无论多可爱的狗狗，它的本质仍是动物，它不可能了解主人的所有意图。

所以，若想要了解狗狗、养好它，就得从狗狗丰富的肢体行为下手，平时多细心观察和总结，学会“狗言狗语”，让它信赖你，进而完成你给它的指令。下面就一起来看看狗狗身体不同的部位所传达的情绪，因材施教吧。

目不转睛挑战的意味

都说“眼睛是心灵的窗户”，这话一点也不假。如果你家狗狗紧盯着别的狗或人，那很可能是在挑衅：“看什么看，要不咱俩较量一下，看谁厉害？”发现这种状况，你还等什么，赶快拉着你的狗狗回家吧，不然一场恶战在所难免。

除了面对陌生人，身为主人的你，也应尽量避免和它直视。要是让它觉得你是在“下挑战书”，冲上来向你狂吠不止，那你可就“冤”大了。狗是一种不服输的动物，尤其是那种体型较小的狗，往往胆子小却好斗，你可别被它的外表迷惑！

但如果你胆子够大，而

且想让狗狗“臣服”于你，那就和狗狗直视下吧，让它见识见识你的威慑力。最好能在眼神交流中对它表现出你是坚定不可战胜的。如果在这场“较量”中，狗狗的眼神左右飘忽不定，不敢直视，往往就表示一种要躲避正面冲突的意思，或许狗狗已意识到主人的威力不可小视，心中害怕。这时不要以为狗狗性格懦弱，相反，这正是狗狗对你臣服的表现。

转动耳朵警戒和进攻的信号

狗的耳朵可以旋转，当它听到奇怪的声音时，就会把耳朵转向声音传来的方向，继而提高警惕，有时甚至会对声源处发起进攻。如送报员从门前走过的声音、门铃的声音、电视机里发出的恐怖声音等，都有可能让狗狗竖起耳朵倾听，并狂吠不止，继而朝它认为有威胁的东西扑过去。

要制止狗狗这种疯狂的行为，你可以采用对狗狗发出“stop”的口令，或用美食诱骗等方法。要记住，打骂并不是最好的方法，因为打骂会让狗狗产生心理阴影，日后再想让狗狗乖乖听话就难了。

而如果狗狗面对声源处，却将耳朵伏下去，往往说明来者是狗狗尊敬的人，或是地位比它高的狗。总之，此时狗狗不会攻击对方，反而会非常友好，仿佛在说：“做个朋友吧！”

活动拳脚攻击前的准备

如果狗狗面对陌生人时，先将腿绷紧，然后张开，身体稍向前压，好像运动员在助跑，喉咙里还发出低低的“呜呜”声，或是露出龇牙咧嘴的凶恶表情，这就是一个明显的攻击性动作，狗狗十有八九要向对方攻击了。如果对方不是擅自闯进屋的贼，而是你的亲戚朋友，那你这时就一定要及时制止狗狗上前扑咬的行为。

汗毛直竖恐惧的象征

常听人们说“恐惧到汗毛直竖”，这绝不仅仅是指人类，狗狗也同样会有此表现。当狗狗遇到一些它觉得无法应对的外来刺激，如听到雷鸣、飞机轰隆等声音时，往往会心生恐惧，将毛发竖起来，使身体看上去比实际大许多，从心理上威吓对方。这时你应该做的是站出来保护你的狗狗，轻轻地抚慰它。狗狗受到你的保护，也会从心眼里感激你，对你也就更加“言听计从”了。

晃动尾巴心情不好的标志

不要以为狗狗在任何时刻竖起尾巴晃动，都是友好、高兴的表现。只有当狗狗想和主人亲热时，晃动尾巴才是友好、高兴。若面对陌生人，狗狗竖起尾巴，用力地左右摇动，则表示狗狗心情不好，告诫人们“不要靠近我”。如果狗狗盯着一个目标，慢慢地晃动尾巴靠近，这时你可要注意了，狗狗很有可能攻击目标，要注意“防破坏”！

了解狗狗的语言，需要长期的摸索和总结，不要单从狗狗一个部位的动作，就判定它的情绪，而要综合它不同部位的动作、表情、眼神和发出的声音来下结论。如此，你就会和狗狗建立起一种独特的有效沟通方式，从而让你们相互了解和信赖，有利于做好训练狗狗的基本工作。

2. 选对训狗道具和时间

古人说："磨刀不误砍柴工。"训练狗狗更是如此。因为狗狗毕竟不能直接和人对话，想要狗狗"听"懂人类的语言，各种训练手势、工具都是必不可少的。

有道具帮忙训练狗狗事半功倍

◆牵引绳

这是训练狗狗的必要工具，有固定长度和不固定长度两种牵引绳，可用来做距离较远的召回和停下训练，也可用于做追逐捡回训练。固定长度的牵引绳可在训练初期用，狗狗的一举一动都可尽收主人眼底，既能让狗狗自由地活动，又能在附近出现异样情况时，尽快拉开狗狗，以免狗狗趁自己不备做坏事。不固定长度的牵引绳可随放随收，当你认为狗狗有一定自控能力时，可尽量调整绳子的长度，让狗狗由牵引绳训练逐步过渡到"口令"训练。

◆项圈

项圈和牵引绳的作用如出一辙，都是用来控制狗狗的行为。项圈可用真皮或人造革制作而成，根据用途有一般型和除蚤型。一般型主要用来训练狗狗，而除蚤型含药物，跳蚤闻到味道后会立刻逃窜，离开狗狗的身体，从而帮助狗狗清洁身体。

◆玩具

训练时，将狗狗平时最喜欢的一些玩具带上，其中一部分藏起来，另一部分用来辅助训练。比如用一部分玩具吸引狗狗做你想要它学习的动作，等到狗狗学会后，再用其他玩具作奖励，让狗狗自由玩耍。尽量少用零食奖励狗狗，

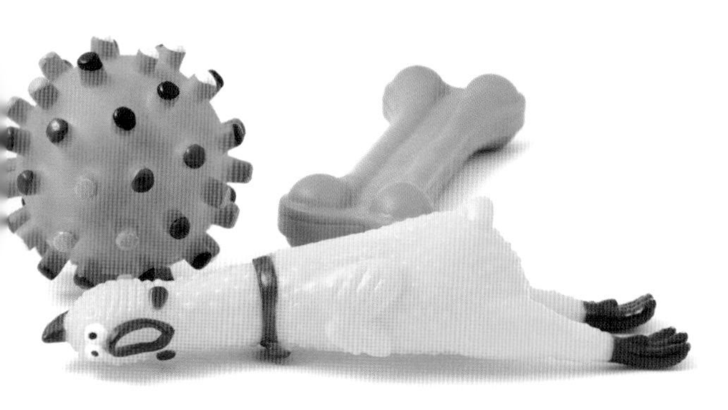

以免养成狗狗贪婪的饮食习惯，不利于狗狗的身体健康。

◆口哨

口哨也是训练狗狗时很好用的工具。一声尖锐的鸣响，好过你声嘶力竭的吼叫，而且单纯的口哨声音，能给狗狗更安全的感觉，从而更快达到训练的目的。

找准训练狗狗的最佳时间

狗狗的最佳训练时间，是在狗狗出生后70天左右。此时狗狗正处在成长期，力量较弱，且没有过多机会染上陋习，这时候训练很是省力、省心。

而出生后1年的狗狗，已经养成了不良习惯，这时候再想要纠正，就要有一定的耐心和体力，否则很难奏效。比如你要牵住一只重9千克左右的狗狗，不让它在你前面横冲直撞，不让它在散步过程中无缘无故乱叫、随地大小便等，这些训练项目小狗狗两三个月可以完成，而成年狗狗可能就要花上近一年的时间才能完成。

成年后的狗狗也要训练

如果说小狗狗可塑性高，那是不是就意味着成年狗狗“朽木不可雕”呢？或者说狗狗小时候训练得相当有礼貌了，长大后就可从训练班“毕业”了？当然不是。狗狗出生后1年，是成长最快的时期，在这期间，狗狗逐渐发育完善，同时学习能力也会逐渐增强，但由于小时候养成的行为习惯，所以训练起来要比出生时花费更长时间。

另外，狗狗学好学坏，很大程度上也在于出生后这一年的时间。这一年如果对狗狗严加训练，比平时多花2倍到3倍甚至更长的时间来照顾狗狗，以后狗狗肯定会成为懂礼貌的宝贝。狗狗的训练和人的学习一样，讲究“学无止境”，所以，狗狗成年后也要多加训练。

3.名字感应是训狗第一步

和狗狗的沟通方式有很多，根据周围环境的不同，沟通方式也可以有所变化。但有一样是永远不会变的，那就是狗狗的名字。它是狗狗行走家里的身份证，从你第一天将狗狗抱回家起，属于狗狗的名字就已产生。

给狗狗取名的法则

训练狗狗的第一步，就是要让狗狗对自己的名字有清晰的记忆，因此给狗狗取名时，最好选用容易发音的单音节或双音节词，短促、清脆，让狗狗容易记忆和分辨，如典典、花花、艾伦、珍妮等。呼名训练，最好选择在狗狗心情大好时进行，如在与你嬉戏玩耍时，或是在向你讨食的过程中。

狗狗呼名训练的实际操作

呼名训练应一鼓作气，连续反复进行。若狗狗听到它的名字时，能迅速转过头来，并高兴地晃动尾巴，到你的身边来，那训练就算初步成功了。这时别忘了给狗狗适当的奖励，如轻抚狗狗脑袋，或给它一点好吃的零食，让狗狗知道“原来这样做，主人会很高兴”，从而让它形成条件反射，会“取悦”于主人，直至当你喊它名字时，它会欣然靠近。

若狗狗明明听到你在召唤，却故意“装聋作哑”，懒得做出任何回应，这时，不妨借助牵引绳，一边拉着狗狗向自己靠拢，一边继续呼喊狗狗的名字。切忌在做呼名训练时，对狗狗进行大呼小叫的惩罚，这会让它误认为呼其名就是要惩罚它而不敢前往，影响训练效果。

在做呼名训练时，有时不得不一直重复狗狗的名字，以引起它的注意和加强狗狗记忆。而当狗狗能做到名字感应后，就不可以再有事没事乱叫它的名字了，否则，狗狗会同你上演一场“狼来了”的故事，它会认为自己的名字不过是供你消遣的一个代名词，从而对于你传递信息的“信号”完全不予理会。

4. 训练狗狗听懂号令

谈及狗狗教育，内容多得数不胜数：大到使狗狗懂得如何与周围的人和平相处，小到让狗狗“站有站相，坐有坐相”。可这些大大小小的训练，都基于你给狗狗发布的命令，如果狗狗能听懂这些“命令”，那一切就都好办了。

给狗狗下命令要做到这几点

◆吐字清晰简短

给狗狗下达命令时，吐字要格外准确，不能含糊不清。同时也不要随意改命令符，如让狗狗到身边来，一定要统一用“来”，千万别上午用“过来”，下午又用“到这边来”，这会让狗狗糊涂，对你发出的号令无所适从。

◆命令简单明了

命令不要过于繁琐，比如狗狗在错误的地方拉尿了，你批评它说：“不要在这里尿尿!”狗狗或许会眨眼睛看着你，但就是听不懂你“叽里呱啦”在说什么。这时，不妨牵着狗狗，指着它刚刚尿过的地方说“不行”，这样狗狗就能很快明白你的意思。

◆语气喜怒分明

命令要与语气结合起来，狗狗往往能从主人的语气中，判断自己做的事情是对还是错。所以批评狗狗时，语气一定要严厉、果断，声音的分贝要高；而在表扬它时，则要温柔、和蔼。

训练实操，手势加命令让狗狗“遵纪守法”

衔取

扔出一个小球或纸团，狗狗会立刻把它捡回来。瞧瞧，你有这样的小跟班多自豪啊!

◆训练方法

先选一个狗狗感兴趣的玩具，然后将玩具丢到一边，对狗狗发号施令“叼”，并推狗狗跑过去，再将狗狗唤回到身边，给予食物或爱抚作为奖励。不用多久，狗狗就能“自觉”听懂命令，捡回你丢出去的玩具了。

握手

作为一只有礼貌的小狗，见人要热情地打招呼，最为绅士的做法当然是“握手”啦！当你结束了一天的工作，疲惫地回到家中，如果能和小狗握一握手，心情立刻就能变得快乐起来。

◆训练方法

在狗狗看上去心情不错的时候，训练狗狗握手最有效。可以先用手拿起狗狗的前脚，轻轻摇一摇，同时对它发出“握手”的口令，如果狗狗表现良好，就给予它一定的奖励。注意，奖励不可随便给，必须表现良好才能发放。久而久之，狗狗一听到“握手”的命令，就会自动伸出前脚，像模像样地和人打招呼，这个动作就训练成功了。

等待

家中有客，狗狗却在沙发上上蹿下跳，搅得你没办法和客人谈话，这在客人心目中，连带你的形象都会大大减分。那就要训练狗狗的耐心，让它学会等待。

◆训练方法

让狗狗卧下，是等待主人发出新命令的一种“待机”方式。一般卧下的姿势有两种：一种在主人的正面卧下，另一种在主人的侧面卧下。在训练正面卧下时，用左手拿牵引绳，并把狗狗带至你面前，然后用右手在狗上方做向下的动作，同时发出“卧下”的命令。若狗狗没反应，可将左手中的牵引绳向前下方拉动，使狗狗头部低下去，进而全身卧下，最后给予狗狗一定的表扬，时间一长，狗狗就会自动形成“等待”的好习惯了。

在训练侧面卧下时，用左手拿牵引绳，并让狗狗站在左脚边，其余步骤同上。

需要注意的是，即使是训练有素的狗狗，有时也会出现不听指令的情况，比如主人发出 “等待”命令，狗狗却依然上蹿下跳，那就要观察它是否有其他需要，而不要一味地惩罚狗狗。

训练狗狗要有耐心，持之以恒，这样才能取得成效。此外，复习和学习同样重要。狗狗学会动作后，别忘了每天让它表演几次，温故而知新，如此反复，狗狗一定会成为优雅的精灵！

5.两步训狗排便

养狗本是件开心的事儿，可如果狗狗在家随意大小便，那快乐就大打折扣了。事实上，教会绝大部分的狗狗固定地点排便是可行的，尤其是刚进家门的小狗，可塑性很强，稍加训练，两步就能让它记住厕所在哪里。

狗狗的厕所安在哪里

一般情况下，狗狗对自己的狗窝非常重视，绝对不会在自己的窝里撒尿，而且通常会将厕所选在离窝很远的地方。这时，为防止狗狗弄脏屋子，首先得为它选好厕所的地点。

◆室内：一般在房间、走廊或浴室的角落，放个篮子或狗便盆就可充当狗厕所，但因狗不喜欢弄湿自己的脚，所以要用报纸铺着，让尿渗入报纸中而不会弄湿狗狗的脚。

◆室外：可在阳台或院子里，铺上人工草皮或报纸就可充当狗厕所。人工草皮可直接用水冲洗，并可用日光消毒，非常方便。住在室内的狗也应尽量养成它到室外上厕所的习惯。

另外，带狗狗出门最好预备一份报纸或塑料袋，将狗排出的粪便随手丢到垃圾箱或花圃里。宠爱狗狗的同时，也不要忘记环保。

怎么让狗狗定时定点排便

狗狗吃过饭或睡醒后，常常都会想上厕所。如果狗狗此时在原地来回打转，很可能就是在寻找撒尿地点。这时不妨对它说“等一下”或“不行”，然后立刻牵着它到指定的厕所处，直到尿完才让它出来。

带狗狗去厕所时，不要抱着它，应用牵引绳拉着它去，这样可让狗狗尽快熟悉上厕所的路线。另外，不要将狗狗带到厕所处就放其自由行动，一定要盯着狗狗排便，让狗狗知道：“此刻不在这里排便就没得自由。”

如果你发现狗狗在规定以外的地方上厕所，一定不要对其“姑息”，而应该对着狗狗“肇事”的地方，大声对狗狗说“不行”，并且轻轻敲打狗狗的屁股，让狗狗明白自己做错了。此外还要注意的是，要赶快清理狗狗留在那里的大小便，并且应彻底清洁，因为狗狗尿过一次的地方，上面会留有特殊的味道，说不定狗狗还会去那里排便。而如果狗狗表现非常好，到固定的地方上厕所，你也别忘了奖励狗狗，可以摸摸它，并进行大声的赞扬。

总之，一定要注意掌握狗狗的“两定”：定点、定时。坚持不懈地训练，狗狗早晚有一天会自己上厕所的。

6.要捍卫主人的权威

狗狗是社会性动物，在群体当中具有极强的等级观念。如果身为主人的你不懂得狗狗的意图，或是一味地放任狗狗为所欲为，对狗狗的要求毫不约束，听之任之，等狗狗习惯了这种相处模式，就很可能会认为它是你的领导，而不再将你当作它的主人。这样一来，它当然不会听从你的训练和指令，平时训练狗狗的工作也会变得异常困难。

狗狗有这样的行为代表什么

专门的训狗人员给出经验：当狗狗跳到主人的背上，或是正面拱推，或是直视主人时，都很可能是在向主人挑战，争夺一家之主的地位。当狗狗把爪

子放在主人的膝盖上，许多人会以为那是狗狗“套近乎”的一种表现，但其实它表现的是“你在我的统治之下”的意思。如果此时你恰好高兴地摸摸狗狗的头，狗狗就会以为你是在说：“我很卑微，我应该服从你，因为你是我的领导。”这样狗狗会更加得意，觉得它是这个家的主人，天性中喜欢统领的基因，让狗狗觉得很有成就感。

如何捍卫主人的权威性

一个合格的主人，既要好好宠爱狗狗，关心它的身心健康，又不能放任狗狗藐视主人的权威性，更不能让狗狗将它的快乐，建立在你的痛苦之上。如果是只胆大包天的狗狗，它可能会对你的命令充耳不闻，这就需要你耗费更多的时间来训练它，切忌心软，要知道这一步你若输了，以后就不要指望能将狗狗训练成你的最佳伴侣了。树立主人的权威，可从狗狗出生3个月后开始训练，具体做法如下。

◎正视狗狗“以下犯上”的行为。当狗狗跳到你背上或正面推拱时，你可以用命令让狗狗端正地坐好，或是走开不予理睬，但不要推开狗狗或是大声喊叫，更不要和狗狗握手或抚摸狗狗，以免狗狗受惊而伤害到主人，或是藐视主人权威。

◎养成良好的进食次序。主人吃饭，绝对不能让狗狗同时进食，更不能有意无意地将桌上的美食丢给狗狗。这会让狗狗以为你是它的“臣民”，专门为它负责找食物。以后每次吃饭时间，它都会在桌子边打转，如果桌子稍矮，说不定还会自己上桌“吃饭”。如果家里来了客人，狗狗也上桌，难免会让主宾双方都觉得尴尬。所以，一定要把狗狗的吃饭时间限制在主人吃完饭后。而在主人吃饭时，可以将狗狗隔离在饭厅外，以训练狗狗良好的进餐次序习惯。

◎养成良好的出门次序。带狗狗出门，狗狗可能会因欣喜而一溜烟地往外冲。这时就要注意了，这里也涉及主人的权威性。狗狗走在主人的前面出门，让狗狗有种做“老大”的感觉。不妨从小训练狗狗最后一个出门。训练的方法很简单，用牵引绳拉住狗狗，无论如何不能让狗狗比自己先出门。

7.让狗狗晚上不乱叫

如今养狗狗，最怕的就是狗狗有事没事瞎叫唤，搅得左邻右舍“夜不能寐”。尤其是住在高楼的都市狗狗，一个比一个养尊处优、精力充沛，又没有看家护院的“工作压力”，所以总是“想叫就叫，叫得响亮”。

若是邻居也养狗，那这样的烦恼便会成倍增加，通常一只狗叫，会吸引其他的狗也附和，最后就演变成了一场“大合唱”。虽说有让狗狗“闭嘴”的手术，可谁也不想让心爱的狗狗没事挨上一刀，还是采取简单快捷的室内训练法吧！

累到它无力喊叫

若仔细观察你就会发现，狗狗大多是在百无聊赖时，才喜欢仰天长嚎，典型的精力过剩。既然如此，那就对症下药，用大量的运动来消耗它多余的精力。

运动除了可以大量消耗狗狗的体力，还能让狗狗在精神上得到极大的满足。但千万别傻乎乎地赤手空拳帮狗狗消耗精力，否则累坏的那个肯定是你自己。可以借助自行车、轮滑、滑板等工具帮助消耗狗狗的精力，你在前面跑，让狗狗在后面追，保证回家后，狗狗只会做两件事：先喝水，然后香香甜甜地睡上一觉。

当它不存在

当你和一个人交往时，若这个人眼中完全没有你，你还会和这个人交往吗？当然不会。狗狗也是这样，你对它的吼叫无动于衷，它最终会因感到无趣而停止动作。当然，使用这种方法的前提和上面的运动法一样，狗狗只是希望引起你的注意，陪它玩耍。

用这种方法时，你一定要“狠心”，不理就彻底不理。切忌转身离开后又心生不舍，回过头来安慰几句。对你来说可能这样的表示代表婉拒，但到了狗狗那儿，这可能就变成了一个邀请玩耍的信息。

吵到它闭嘴

狗狗不仅嗅觉灵敏，听觉也不赖，用“耳听八方”来形容最适合不过了。稍微细小的声音，如邻居从门口经过，都可能引起它的一阵狂吠。但若在狗狗耳边放分贝很高的声音，如人们见到老鼠的尖叫声，硬币装在铁罐子里的“哐当”声，就会让狗狗立刻停止喊叫。

“打”到它有口难言

有时采取一些必要的暴力手段，也能让狗狗很快明白：乱叫让主人很讨厌，不想挨打的话就应该马上闭嘴。当然，这里的暴力可不是要你拿着棍棒打在狗狗身上，否则不但会让你落得个“虐待小动物”的罪名，狗狗也会伺机报复，再也不听训了，那你可就得不偿失了。

比较安全的方法是：在狗狗狂吠时，拿水枪喷它。狗狗不喜欢身上湿漉漉的，身上有水时，自然忙着甩掉身上的水，而无暇“汪汪”大叫了。其实，若平时对狗加以训练，只要你一黑着脸发号施令，作势要打狗狗时，它就会知道自己该闭嘴了，当然也就不用你费力气“打”它了。

8.戒掉狗狗乱咬的习惯

狗狗在家最让人头疼的问题是什么？相信很多养狗一族都会回答：乱咬东西。狗狗天生有磨牙的习惯，尤其是在长牙期的小狗，磨牙是它们的生理需求。如果硬是不让它们咬东西，那可真有点儿难。

狗狗最爱的磨牙对象莫过于拖鞋了，往往含在口中拖来拖去，或是展开牙齿和爪子攻势，把拖鞋撕来咬去，几天下来，拖鞋就破碎不堪。若万一狗狗咬到了贵重物品、危险物品，那后果更是不堪设想。如何让狗狗改掉这个习惯呢？

隐藏狗狗“乱咬”的对象

要防止狗狗乱咬家中的物品，首先应该做的，就是把它们牙齿最“偏爱”的东西全都收起来。比如狗狗最爱的拖鞋，一定要及时放到鞋柜中，并且把柜门关严，让狗狗想咬也找不到。还有贵重的书籍、碟片，都要收藏到书柜里，不要随随便便摊开在茶几上，否则，狗狗也会随随便便地对待它们。总之，每一样可能遭到狗狗“袭击”的东西，都要及时归类整理。

让家居物品远离狗狗，这是防止被它迫害的好办法，但也有一个缺点，那就是狗狗永远处在安全、干净的环境里，永远都学不会辨别什么是能咬的，什么是不能咬的。万一哪天你一个没留神，或是有些物品暂时无法被藏起来，不仅物品可能会遭殃，而且可能给狗

狗带来危险。所以，除了把珍贵物品收藏起来之外，我们还要对狗狗进行“教育”，区分什么是可以咬的，什么是不能咬的。

教狗狗远离危险物品——电线

在一般家庭里，狗狗喜欢撕咬的对象中，最危险的莫过于电线了。壁角里的电线、冰箱后的电源线、电灯旁暴露出来的电线、电脑主机后的各种线……狗狗一旦咬断了这些线，不仅会给你带来麻烦，而且会让狗狗甚至整个家庭都陷入未知的危险中。所以，学会让狗狗远离这个危险物品，是非常有必要的。

①准备一条普通电线，当然，这根电线必须是没有通电的。然后还得备好两样东西：喷水枪和绒毛玩具。

②将电线放在狗狗面前，然后你离开狗狗的视线，在角落里藏起来，偷偷观察狗狗的动作。

③当狗狗发现了这根新奇的电线，一定会好奇地用小爪子和牙齿来进行“探索”。当它将电线含进嘴里，准备撕咬的时候，你一定要立刻跳出来，对狗狗说：“不行！”然后对它喷水，并将毛绒玩具给它，代替电线作为撕咬的对象。多进行几次这种训练，时间长了，狗狗就会明白，“电线”是个不能碰的家伙。

如果狗狗喜欢到处乱咬的毛病很严重，不妨试试使用狗咬胶，也能对改善狗狗的坏习惯有一定的作用。狗咬胶可以帮助狗狗磨牙，锻炼咬肌，清洁口腔，并能打发它们无聊的时间。有了狗咬胶，一般狗狗就很少去破坏家具了。但一定要选择质量好的狗咬胶，并且注意清洁。此外，年龄太小的狗狗不要使用狗咬胶。

9. 遛狗时避免“狗遛人”

狗狗热衷于散步。散步不仅能促进狗狗体内食物消化，帮助狗狗保持“苗条身材”，更能让狗狗增加许多外出社交的机会。因此狗狗每天出门散步，似乎也成了狗界的“养身之道”。可若是不稍加训练，快乐的遛狗活动也很可能会变成“狗遛人”的滑稽表演：一走出家门的狗狗就像脱了缰的野马，完全不理会主人，到处横冲直撞。

“狗遛人”看似危言耸听，其实不然。看看那些在大街上，被狗狗牵着到处跑的大有人在，被狗狗折腾得人仰马翻的也不在少数……难道狗狗才是主人真正的领导者？当然不是。所以，一定要训练狗狗散步时做优雅的绅士或小姐，绝不能任其横冲直撞。这种训练不难，做到以下几点即可。

别让狗狗的散步生物钟太规律

狗狗对时间十分敏感，如果你每天下午5点带着狗狗外出，不出1周，狗狗就会自动记住这个时间。以后每天的5点，狗狗都会准时蹲在门口，扒拉着门缝，一副整装待发的模样。如果哪天你正好有事不出门，狗狗就会到点“提醒”你；如果过了外出散步的时间点很久你依然没动静，狗狗就会急得乱叫、焦躁不安、来回走动，或是跑到你身边撒娇。总之，它会不停地向你传达散步的信息，最后让你“迫于无奈”，不得不外出。

因此，培养狗狗优雅散步的重点之一，就是不能让狗狗体内的散步生物钟

太规律。比如你只有晚上有时间陪狗狗，可尝试隔一天再带狗狗出门；如果你工作时间比较自由，可选择在每天的不同时间点带狗狗外出……这样可避免狗狗将散步当成“工作”，每天准时准点来“骚扰”你。

要让狗狗走在你身后

带狗狗散步，别忘了给狗狗套上牵引绳，这是一个可以矫正狗狗横冲直撞不良习性的好工具。然后采用“带领训练”的方法，让狗狗服从你的安排。

带领训练的方式：就是当你和狗狗散步时，狗狗如果冲到了你的前面，你应该立刻改变方向，朝相反的方向前进，并用牵引绳的力量带动狗狗回头跟你走；如果它再次走到你的前面，你就再次改变方向……如此反复，让狗狗自动自觉地走在你的侧面或后面。

在做这项训练时，切忌与狗狗进行眼神和对话交流，必须完全对狗狗不加理睬。例如当狗狗走在你后面时，千万不要对它笑，因为虽然你的笑容传达的是表扬的信息，但到了狗狗那里就转换成了呼唤，这种呼唤会让狗狗肆无忌惮地往前冲，那样让狗狗走在你身后或身边的训练计划就“流产”了。

培养狗狗金字塔式的散步时间

带狗狗出门散步的计划，应从狗狗学会走路时就开始实施，且要严格按照金字塔式散步时间来实施。

当狗狗 2 ~ 3 个月大时，就应给狗狗套上牵引绳，带它到自家房屋附近较安静的地方散步。第一次散步时间不要太长， 5 分钟足矣，因为陌生的环境和气味会让狗狗很兴奋，它会忘记主人的存在而东奔西跑。这时，你应该蹲下来轻声地呼唤它，并用它喜欢的玩具引诱它回到你身边，待它向你靠拢时，今天的散步就结束了。

当狗狗4~6个月大时，可适当延长散步时间，以5~15分钟为限，并逐步进行狗狗的随行训练，避免狗狗忽视主人而到处乱窜；当狗狗6~9个月大时，可延长散步时间到30分钟；到了狗狗9~12月大时，则可延长到45分钟。有些狗狗体型较大、性格较活泼，也可将其散步时间延长至1小时。

这种金字塔式的散步时间，不仅满足了狗狗日渐增长的生理活动需要，还可让狗狗一点一点地“长记性”，从小养成服从主人的散步好习惯。当狗狗成年后，可让狗狗在一些较坚硬的路面上散步，有助于狗狗磨短趾甲。

不要以为让狗狗臣服于你，是一种罪恶的表现，觉得那是在虐待狗狗。其实狗狗乐得你给它下命令，这让它觉得有被需要的价值，使得它更愿意与你为伴。另外，与狗狗在公共场合散步，一定要给狗狗带上口罩或牵引绳，虽然你家狗狗可能受过良好教育，但并不是每个人都喜欢狗。尊重他人，保护狗狗，应从控制狗狗的步伐开始。

10.平息狗狗争斗有诀窍

带狗狗出去散步，要做好狗狗随时会和别的狗狗打架的准备。不是因为你家狗狗家教不好，而是因为狗狗天性好斗，为食物、为地盘、为伴侣、为玩具、为主人的宠爱……随便一个理由都可以让它们战上几个回合。这种莫名其妙的争斗，或许会让你既头疼又心疼。如何才能让狗狗远离“纷争”呢？

分析自家狗狗的性格

如果你家狗狗性情好，不喜欢参与“纷争”，那只要看好你家的狗狗，不要教唆它和别家狗狗争斗就可以了。当然，为避免你家狗狗平白无故地被别家狗狗攻击，外出时一定要时刻留意周围的动向，一旦发现不对劲，立刻将狗狗唤回。

如果你家狗狗脾气暴躁，容易发怒，对于看不顺眼的事常常大声犬吠，那你就应该让它远离陌生的狗狗。平时不要故意培养它四处叫嚣、挑衅的习惯，更不要为它在大战中取得的胜利沾沾自喜。要知道，狗狗一旦喜欢上撕咬扑杀的活动，就很可能对人类造成威胁。

分开酣战中狗狗的绝招

如果你一个没注意，狗狗已经和其他狗狗战上了，那你能做的就是尽快分开它们。如何在保证自己安全的情况下，让听不懂人话的狗狗们乖乖停止争斗呢？以下绝招说不定能帮你忙。

◎对付大型狗。狗主人一般指挥不了别人的狗，但可以对自己的狗狗下命令。如果你家狗狗不是很恋战，只需对它喊“停下”，它可能就会回到你的身边；但如果你家狗狗非常激动，你的口令肯定是无济于事的。

这时候，千万不要用腿来挡，更不要去踢对方的狗。否则，这么明显的袒护，会让对方狗狗越来越愤怒，甚至将你也当成敌人，朝你扑咬。你可以尝试大声喝止、威吓等，或是借助路边的小树枝、小木棍将对方狗狗赶走，然后赶快抱着你家狗狗离开。

◎对付小型狗。小型狗狗多半喜欢挑起事端，但又不敢真的进行决战。这或许也和狗狗的天性有关，狗狗在遇到比自己体型大的狗时，心中不自觉地害怕，于是不友好地龇牙咧嘴，这样争斗就一步步逼近了。

如果有小个子狗狗挑衅你家的狗狗，你只要牵紧自家狗狗就保证不会出现意外。当然，你也可以稍微放松牵引绳，让自家狗狗往前冲，假装去“迎战”，等那小个子狗狗露出害怕的表情时，你再赶快将牵引绳往回拉。这种方法通常都能将恶狗吓走，但也需要掌握好火候才行，否则一旦你家狗狗冲上去决斗了，想要再分开就有点费力了。

◎对付势均力敌的狗。不妨看看身边有没有水管、垃圾桶、旧外套等。用水管对着狗狗喷洒，或将垃圾桶的盖子丢向它们中间，或是用旧外套盖住狗狗视线，都可轻而易举地将它们分开。

如果你家养了两只狗狗，且收养时间不一致，最好让第一只狗保留优先权；如果两只狗同时收养，就应让体型大的领着体型小的狗玩耍。

11.远离可疑食物的威胁

古人说“饿死不食嗟来之食”，这是用来形容有骨气的人。狗狗可没那么高尚，如果遇到好吃的东西，也不管有毒没毒，不吃到肚子滚圆誓不罢休。万一食物对狗狗健康不利，那可怎么办？怎样才能让狗狗做个“饿死不食嗟来之食”的“骨气狗”呢？

很简单，对狗狗进行拒食训练！让它拒绝除正常饮食之外的任何食物。当然了，狗狗思想单纯，看见食物就想吃，这完全来自本能。它们永远也搞不懂，为什么有人故意喂它们有毒的食物。因此，训练狗狗拒食是一项有难度的工作，主人一定要有耐心。

拒食训练包括两部分：一是不许狗狗随地捡东西吃，二是不许狗狗吃陌生人投过来的食物。

不许狗狗随地捡东西吃

首先进行近距离训练。选一处宽阔平坦的地方，预先将狗狗喜欢吃的食物放在显眼处，然后带狗狗到那里散步。散步途中，给狗狗戴上牵引带，之后慢慢地靠近食物。当狗狗看见食物就表现出兴奋的表情时，立刻对它发出“不许”的威胁口令，并猛拉牵引带，强行制止狗狗欲上前捡食的行为。当狗狗停止捡食动作时，可以用随身携带的小零食或玩具予以奖励。

接下来进行远程控制。将牵引带改成训练绳，重复上面的场景。让狗狗在前面带路，并与它保持一定的距离，观察狗狗对食物的表现：若垂涎三尺，你要立刻赶到狗狗身前，轻轻敲打它的嘴巴，并发出“不许”的命令，用力拉扯训练绳强行将其拉走；若狗狗自行停止行动，则可给予一定的奖励。

不许狗狗吃陌生人投过来的食物

完成上述练习后，可对狗狗进行进一步的训练。在日常生活中，应该培养狗狗不随意吃陌生人投喂的食物的良好习惯，方法是找一个陌生人自然地接近狗狗，并给予食物，当狗狗表现出要吃的模样，你要立刻发出“不许”的口令。然后让陌生人再给狗狗喂食，当它表现出想要接受的动作时，你就要进行强烈的呵斥，并敲打狗狗嘴巴，直到它自然拒食为止。

反复训练几次后，就可以取消牵引带和训练绳，若狗狗一听到你发出的口令，或一看到你打出的禁止手势就停止捡食行为，那么狗狗的拒食训练就首战告捷了。但是，拒食是一项困难的训练，需要很长时间来巩固效果，否则狗狗不长记性，下次依旧我行我素，那安全和健康就仍旧没有保障，所以身为主人的你需要有“马拉松式”的训练精神！

第五章

狗比主人更爱美

1.先给狗狗洗个热水澡

爱美之心，人皆有之，狗狗也不例外。所以宠爱狗狗，除了要保证饮食健康，还要让它们玩得开心，打扮靓丽，这样才能让狗狗活得更健康、美丽。

搞好狗狗的面子工程，首先得学会给狗狗洗澡。可狗狗毕竟不是会乖乖听话的孩子，如果遇到调皮的狗狗，边洗澡边玩耍，说不定身为主人的你也会被溅得一身湿。

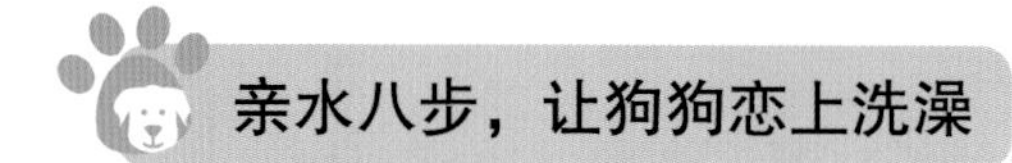

亲水八步，让狗狗恋上洗澡

关于给狗狗洗澡的问题，仁者见仁、智者见智。有人认为，狗狗自己能用舌头舔干净被毛，不必洗澡，而有的人怕狗脏，天天给狗洗澡，其实这些做法都不对。通常养在室内的宠物犬，夏天每周洗一次澡，冬天每月洗一次澡足矣。而在一些气温高、潮湿的南方城市，平均每半个月洗一次澡就可以了。

因为狗狗被毛上附有一层自己分泌的油脂，既可防水，又可保护皮肤，尤其是长毛犬，这层油脂还可使犬毛柔软、光滑，保持坚韧与弹性。如果洗澡过于频繁，洗发剂就会洗去上面的油脂，从而让狗毛变得脆弱、暗淡、易脱落，并失去防水作用，使皮肤变得敏感，严重者易引起感冒或风湿症。

狗狗洗澡分干洗和水洗两种。干洗一般用于半岁以内的幼犬，因为它们抵抗力

较弱，水洗容易导致身体受凉而发生呼吸道感染和肺炎，尤其是北京犬、贵宾犬、扁鼻犬之类鼻道很短的狗，患病率更高。所以，半岁以内的幼犬洗澡，以干洗为宜，即每天或隔天给狗狗毛发上喷洒稀释1000倍以上的护发素，涂擦少量婴儿爽身粉，并勤于梳刷，就可代替水洗了。

当狗狗半岁以后，就可开始训练狗狗水洗了。水洗主要有八步。

①在洗澡前，先将狗狗全身的毛梳刷一遍，以免毛发纠缠得更加严重，若发现毛发上有毛结、泥块、柏油、口香糖渣等，应先清理掉，以便于接下来的清洗。梳刷时，尤其要注意口周围、耳后、腋下、股内侧、趾尖等地方，因为这些地方最容易“藏污纳垢”。

②有些狗狗怕水，如沙皮狗见了路上的小水坑都会绕道而行。对付这种狗狗，首先要训练它们的“亲水性”，即用盆装半盆温水，将狗狗放在盆里站稳，先用毛巾蘸适量的水将狗狗全身弄湿，然后用手将狗狗身上的毛轻轻梳理一遍。等狗狗觉得舒服、安静下来、有开始洗澡的准备时，再往盆中加满温水，使狗狗只露出头和脖子，这样的“慢动作”让狗狗觉得舒坦，以后当然就不会“惧怕”洗澡了。

③先在背部涂上洗毛剂，从背部到臀部进行搓揉，全身搓出泡沫。

④接着给狗狗洗头和胸。清洗头部和胸部时，要避免泡沫流进狗狗的眼睛里。为防止狗狗乱动，最好一只手托住狗狗的头，不要让它躲来躲去或扭头舔身上的洗毛剂，另一只手抓挠清洗狗毛。如果可以找到帮手，也可以请他帮忙抓住狗狗的嘴巴，这样你就可以放心地清洗了。

⑤然后洗脚底。给狗狗洗脚底时，也应一只手抓住狗狗的脚丫，另一只手负责清洗，以免狗狗摔跤或逃跑。

⑥开始冲水，用热水器喷头、水杯都行，方向是先清洗

狗的头部，然后身体，最后胸部，一一清洗干净。冲洗动作要慢，千万不要乱冲一通，否则狗狗会拼命摇头，搅得你没法继续。如果将洗毛剂残留在狗狗身上，会引起狗狗皮肤瘙痒，狗狗在抓挠过程中很容易引发细菌感染。

⑦倒掉盆里剩余的水，用毛巾把狗擦干，特别是耳朵周围，并检查耳朵有没进水。

⑧最后，用吹风机将狗狗毛发吹干，否则狗狗容易受凉。吹风时，要不断梳理狗狗毛发，只要狗狗身上没干，就应该一直梳到狗狗毛发彻底干透为止。

狗狗洗澡水的温度，也不宜过高或过低，一般春夏秋三季为36℃，冬天以37℃最适宜。洗澡时间应选在上午或中午，不要在空气湿度大或阴雨天时洗澡，且切忌将洗澡后的狗狗放在太阳光下晒干毛发，因为洗澡后被毛上许多油脂丢失，大大降低了狗狗的御寒能力和抵抗力，一冷一热容易引发感冒，甚至导致肺炎。

专用洗发液洗出“香气狗狗”

由于狗狗的毛质和皮肤结构与人类有稍许差异，如人的皮肤构造达10~15层，而狗却只有3~5层，所以，狗狗皮肤明显比人类要脆弱得多。给它选择性质温和、无刺激的专用洗发液才是明智之举。宠物专用洗发液有以下几种：漂白类洗发液，主要是供一些白色或银色的狗狗使用，可增亮毛色；无刺激成分类洗发液，主要针对过敏性皮肤的狗狗，也可用于任何狗狗清洗脸部和头部；芳香型洗发液，使用后毛发可保持数天的芳香气味，适宜一些有体臭的狗狗使用；除虱蚤类洗发液，含有除虫药剂，专为狗狗清理病虫，不宜用在头部。

另外，选购狗狗洗发液还要看狗狗肤质。如果狗狗毛质粗糙、干燥，就用油性洗发液，或在普通洗发液中添加橄榄油，而一般情况下用混合型洗发液即可。

2.狗狗美容全套工具

“工欲善其事，必先利其器”，由此可见工具有多重要。为狗狗做美容也是如此，现在就开始准备全套的美容工具，做一个专业的狗狗美容师吧！

梳毛工具

狗狗梳毛工具一般分为两种：梳子和刷子。根据狗狗皮毛类型的不同，每周梳刷次数也不尽相同。对于短而顺滑的毛，可1周梳理2次；对于长而顺滑的毛，则需每天梳理；介于这两种毛发类型之间的，可根据需要每周梳理3~5次。每次给狗狗梳刷完毕，一定要记得将梳子、刷子上的油脂和毛发清理干净，放入干燥箱以防生锈。

针梳

功能：把狗狗的被毛梳理蓬松，把粘连的毛梳开，去除小的毛结。一只好的针梳，即使在多次使用之后，钢针也不会歪倒、掉落，比较有弹性。

适用狗狗：贵宾犬、比熊犬、松狮犬等被毛蓬松的狗。

平梳

功能：平梳的顶端呈圆形，可以梳理细长且柔顺的狗毛，而且不易伤到它的皮肤。这种梳子一般比较适合个子稍小的狗狗使用，若要用平梳梳理一只大狗的毛，就有点儿吃力了。

适用狗狗：用于被毛细长、顺滑的狗狗，如约克夏犬、喜乐蒂牧羊犬、西高地犬等。

直柄钉耙梳

功能：直柄钉耙梳有点类似平梳，但梳齿间距更大，而且每一根梳齿都可以转动，所以在梳毛的过程中，阻力、对毛发的损伤度都非常小。另外由于梳子手柄与梳齿垂直，主人握住用力更方便。

适用狗狗：体型大、被毛厚、毛发蓬松且柔软顺畅的狗狗，如英国古代牧羊犬。

开结梳

功能：开结梳的齿像鱼叉，一边带刃，梳头很是锋利，可以把结团的毛切断，从而把黏结成团的毛打开。因为梳齿一侧带刃，所以有左右手之分。而且为了避免误伤狗狗，开结梳的刃口都设计在内侧，以保证碰不到狗狗的皮肤。

适用狗狗：被毛长且厚、易打结的狗狗，如比熊犬、贵宾犬等。

钢丝刷

功能：钢丝刷常在梳子梳毛后，用于最后收尾梳毛、整理毛型。刷毛时，从狗狗头部顺着毛的生长方向自后向下刷。千万不要逆向刷，否则会伤害毛发。

适用狗狗：短齿钢丝刷用于短毛狗狗，长齿钢丝刷则用于长毛狗狗。

万能梳

功能：万能梳是狗狗最常用的日常梳理工具，金属制成的梳子可以轻松将一些死毛梳下来。同时万能梳的梳齿很密，相对来说，更适合梳理细而长的毛发。万能梳根据狗狗的不同年龄，设有不同的尺寸大小，从幼犬到成年犬，一应俱全。

适用狗狗：通用于各种狗狗。

跳蚤梳子

功能：这也是一种狗狗通用梳，但它属梳齿细密的特殊型梳子，通常用于去除狗狗毛发中的寄生虫，也可用作脸部洁面使用，用来去除眼部周围毛发中的食物残渣。

适用狗狗：通用于各种狗狗。

剪毛器

给狗狗做个适当的毛发修剪，就能塑造出它特有的形象，为狗狗增加不少

个性魅力，呈现出与众不同的气质。比如贵宾犬的典型大披肩造型，代表着雍容华贵；苏格兰牧羊犬、史宾格等大型犬，长发飘飘，显得俊秀潇洒。狗狗的毛发修剪工具有很多，一般都可在宠物店购买到。

宠物电剪

这是修剪狗狗体毛时最常用的工具。电剪外形和男士的刮胡刀相似，但刀头密度相对更高，且更加锋利，刀刃可更换，分别用来修剪硬毛和软毛。只需轻轻按动侧面的开关，就可为狗狗量身修剪出漂亮的大致造型。

直剪

要处理细节，如眼睛、臀部、脚趾处的毛发，还得用7英寸（约17.5厘米）直剪刀。这种刀比一般刀片锋利，而且刀口间的缝隙更加齐整，这是因为狗狗毛发大多又细又松，一般的剪刀难以剪断。

弯剪

这是一种特殊功用的剪刀，主要用于贵宾犬之类的狗狗做造型时使用。因为这类狗狗的尾部要剪成圆形，修剪时要让毛显出弧度来，而普通的剪刀很难做到这点，但弯剪在此时就能帮上大忙。

染色道具

染色剂

染毛可让狗狗造型多变。换一种色彩，就如同给狗狗换了件新衣裳。给狗狗染毛很简单，只需将染色剂抹到狗狗毛上，待一定的时间后，狗狗就能“改头换面”了。给狗狗用的专用宠物染发剂不会掉色，即使是狗狗新毛长长了，染过的狗毛颜色依然很漂亮。也因为不会掉色，狗狗想要回归原始模样，只有等到新毛长出才可以。

染毛刷

狗狗用的染毛刷很特别，一头是斜边，用来上染色剂，另一头是梳子，可在染完毛之后梳理毛发，让颜色更快渗入。

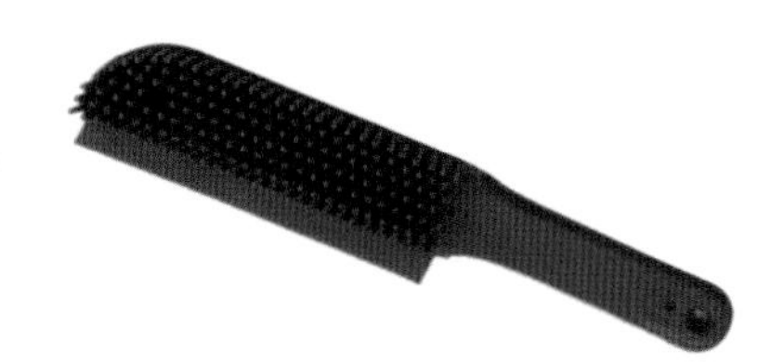

3.养护是狗美容的基础

别以为追逐时尚潮流是型男靓女的特权，如今，“狗狗军团”也成了时尚潮流的新生力量。放眼大街，公狗一个比一个英俊、潇洒，母狗一个比一个时髦、靓丽。但这一切都还得从养护开始，就是先要护理好身体的每个部位。

牙齿

狗狗的牙齿是咀嚼和啃咬食物，尤其是坚硬骨头的重要工具。与人齿一样，当食物碎渣残留在牙齿缝里时，就会引起细菌滋生，造成龋齿或齿龈炎症，影响狗狗的食欲和消化。因此，身为主人的你，一定要学会给狗狗刷牙，让狗狗口腔健康。

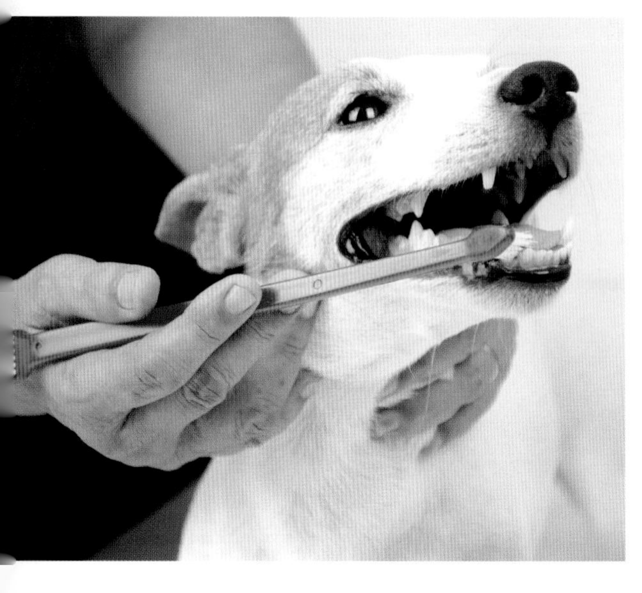

怎么给狗狗刷牙？

先去宠物用品店或动物诊所，买几支狗狗专用牙刷和牙膏。实在买不到，也可用幼童使用的软毛牙刷代替，但千万不要用成人牙刷、牙膏，这会让狗狗非常抗拒，因为成人牙膏会让狗狗消化系统出现明显的不适。

刷牙方式：首先用手握住狗狗的鼻口，掰开两侧嘴唇，刷洗它的牙齿和牙龈，然后沿牙龈线刷洗，这里是牙菌斑和牙垢的主要积聚地，最后喷洗狗狗的口腔，冲掉牙膏和异物。给狗狗刷牙，每周刷一次就足够了。

狗狗不肯刷牙怎么办？

如果狗狗不肯刷牙，你还可以用软毛巾、消毒纱垫或湿棉球蘸取牙粉来帮狗狗清除表面牙垢。此外，平常在给狗狗喂食过程中，可经常加入一些粗粮或蔬果等纤维多的食物，以帮助狗狗在咀嚼过程中摩擦牙齿表面，清洁口腔。

经常给狗狗啃狗咬胶、硬骨之类的东西，也可起到清洁牙齿的作用，但前提是要保证狗咬胶的卫生。

眼睛

主人也需要经常检察狗狗的眼睛，看看有没有异样，如眼水过多、眼球太红，眼角处出现“三眼皮”或皮肿，眼角内存积许多黏液或脓性分泌物等。这些都是有问题的征兆，应立即采取相应补救措施。

方法：首先用棉球蘸取2%的硼酸，也可用凉开水代替，由眼内角向外轻轻擦拭。擦拭时最好不要反复使用一个棉球，可多换几个，直到将眼睛擦拭干净为止。然后给狗狗眼内滴入眼药水或抹上眼药膏，以消除炎症。

给狗狗使用眼药水时，应以消炎型眼药水为主，少用滋润型眼药水，每天2次，1周左右就好了。

耳朵

狗狗的耳朵也是每周的养护重点，主要是看耳内有无发炎、红肿现象，闻

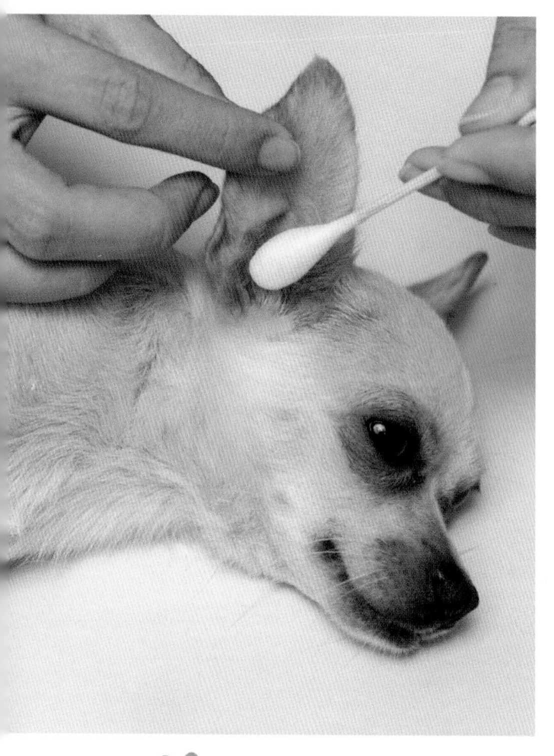

耳内有无异味，摸耳内有无粗糙的异物。如果一切正常，只需用干棉球清洁就可以了，若发现有耳垢，可用棉棒略蘸一些甘油，然后伸入耳内1厘米左右细细清理。但若耳内出现溃烂等不良情况，应立即将狗狗送宠物医院就诊。

臀部

称职的狗主人，每周看看狗狗的臀部也是一项必不可少的工作，如查看有无肛裂、发炎等不良情况。若狗狗最近一段时间都不愿上厕所，且一直坐在地上“磨屁股”，那很可能是肛门出了问题。这时，最好向兽医求助，帮助狗狗恢复健康。

趾甲

狗狗趾甲长得很快，若长期不修剪，不仅不卫生，还会影响正常运动，甚至破坏室内家具。幼年狗狗需要每周修剪一次趾甲，成年狗狗则可以每月修剪一次。修剪趾甲要选用狗狗专用指甲剪，剪掉不经过血管而弯曲的尖端部分即可（约为趾甲的1/3）。剪时最好是一气呵成，然后用锉刀锉平。

狗狗的脚趾若是黑色，不易看到血管，为防止剪伤，可先剪掉部分趾甲，再用锉刀锉光滑。万一剪到血管，可涂云南白药、碘酒类止血剂，防止感染。

4. 潮流狗狗要染毛

你想给自家狗狗换个新形象吗？你希望狗狗站在“时尚潮流”的第一线吗？要知道，狗狗和人一样，也是有虚荣心的。一旦得到了大家的夸奖，狗狗也会很开心。所以，除了给狗狗穿各种各样的衣服，给狗狗染毛也是个不错的选择。

染色剂会危害狗狗健康吗

很多爱狗一族都担心染色剂会危害狗狗的健康。其实在正规的宠物美容院美容，狗狗的健康都是能够得到保障的。因为正规的宠物美容院都会使用宠物专用染色剂，这些染色剂一般都是纯植物型的，对狗狗的皮肤、毛发刺激性基本为零，哪怕是狗狗经常舔舐自己上了色的“新”被毛，也不用担心狗狗会中毒。

哪些狗狗适合染毛

虽说染毛能让狗狗旧貌换新颜，但并不是所有的狗狗都适合染毛。毛色较浅的狗狗很适合染色，因为染色后，狗狗身上的被毛颜色就会对比清晰，能更好地突出狗狗的个性。但颜色较深的狗狗，如黑色、棕色等，一方面很难上色，另一方面上色后效果不明显，所以这种狗狗并不适合染毛。还有，短毛狗染毛的效果也不明显，染色技术不好就可能染得相当难看，当然，如果请专业的美容师帮忙还是会有不一样的效果。

狗狗染毛 一步一步来

◆梳清被毛

想给狗狗染毛，首先要做的是将被毛梳理清楚了。梳理被毛以梳清、理顺为原则，最好不要修剪，以免毛发参差不齐，影响染色后的效果。

◆开始上色

染毛时，先确定要漂染狗狗身上的哪些部位，然后用刷子将染色剂均匀地涂抹到该部位。注意染色时要经常用直排梳梳理毛发，以确定是否染透。上色均匀后，用保鲜膜裹住上色的地方，以免狗狗用力舔舐，弄乱造型。

◆上色完后

按照染色剂的使用要求，10~20分钟后拆下保鲜膜，并清洗残留在被毛上的染色剂。然后吹干、理顺被毛，最后用剪刀将染过的被毛修剪一下，使之更具层次感，狗狗立刻就换了容颜。

5.自制狗狗个性项圈

除了牵引绳，狗狗每天就和项圈最亲。项圈能防止狗狗走失。

一个漂亮的项圈，能把狗狗打扮得更加神气。但从市场上买的项圈都千篇一律，普通得不能再普通。想要狗狗变得与众不同，不妨给狗狗自制个性项圈，简单、美丽又亮眼，还能在狗狗走失时，通过它增加狗狗被送回的机会。

给狗狗制作项圈，这些材料要先准备好

◆一条普通的项圈，最好是稍微宽点的，如狗狗平时带的项圈。

◆各种颜色的画笔，最好粗细不等，这样点缀上的颜色会更有线条感、更漂亮。

◆一种防水颜料——丙烯颜料。这种颜料在各种美术商店或文化用品店都可以买到，价格不贵。为了不造成浪费，最好买小一点的，颜色上不要贪“全”，选几种你最喜欢的颜色即可，不过最好搭配一枝钛白色的，比较实用。

◆一枝防水记号笔，这种笔也很容易买到，文具店、超市都有售。

开始动手，做好个性项圈的设计工作

◆打底稿：先用各种颜色的画笔，在纸上勾勒出你想要的图案。当然，为了感觉丙烯颜料的质地，勾勒图案时也可用丙烯颜料代替画笔。但丙烯颜料干得很快，一旦风干就擦不掉了，所以真正在项圈上画图案时，一定要打好底稿。

◆在项圈上动工：如果你购买的项圈是深色的，最好在你想要画图的地方用浅色打个底，因为黑色的底会使得后面添加上的浅色图案不那么鲜亮。然后就可以往项圈上画图案了，用黑色的画笔也行，用钛白色的丙烯颜料也行。但无论用哪一种，都要保证线条清晰。勾勒出的图案若不理想，也要在水迹未干的时候及时修改。

◆上色：勾勒好的图案，用丙烯颜料填满就好了，没有什么特定的规矩，只要按照你觉着漂亮的样子填就行了。但需要注意的是，在一种颜料未干前，不要急着上第二种颜料，否则两种颜料混合在一起，很容易晕染，影响最后的色彩效果。

◆写下狗狗的名字和你的联系方式：在给项圈画图案时，可预留一个位置，用丙烯颜料写下狗狗的大名。而你的联系方式，最好写在项圈内侧，不占用项圈外面的空间。这样就算狗狗走丢了，有好心人看见这个联系信息，也知道怎样找到你。联系方式用防水记号笔写，而不要用丙烯颜料写，因为丙烯颜料使用在项圈内侧，会随着狗狗和项圈的摩擦而模糊掉，但防水记号笔中的墨水会渗透到项圈里，多长时间都不会掉色。

6.定期护理狗狗的毛

“好狗一身毛”，这是狗界通用的审美标准。若想让你家狗狗也靓上一把，要在狗狗被毛上下足功夫才行。

梳理体毛

定期给狗狗梳理毛发有许多好处，如可除灰、扫垢、防止毛打结，还能促进血液循环，刺激狗狗皮肤分泌保护皮毛的油脂，增强皮肤抵抗力，让狗狗毛发更亮丽、柔顺。梳理狗狗毛发的最佳时间，应在主人和狗狗都空闲时，比如散步回来后，此时狗狗比较放松，也很安静。

根据狗狗体毛长短来分，可以将狗狗分为长毛、短毛、中毛三种。

对于长毛狗狗，可以先将体毛分为上、下两部分，从下方开始，用宽齿梳慢慢梳理。先顺着毛发生长的方向，梳理毛尖部分，然后慢慢从毛根梳到毛尖。如果遇见打结的毛块，就先用开结梳梳理，或是用手理顺。

最后，用密齿梳将整体毛发顺一遍，把宽齿梳梳不下来的脏东西“带”

走，理顺毛发。用密齿梳的梳理方向和步骤同上。如果密齿梳绕不过去，可用宽齿梳再梳理一次，直到将毛发理顺为止。

而梳理中等长度的毛发，要先用宽齿梳，将毛发沿其生长逆方向梳起，然后再对毛发进行顺向梳理，这样就能清除狗狗身上的大块脏东西和皮屑，让毛发更加清爽、整洁。梳理完后，再用热毛巾将狗狗体毛擦拭一遍，这样就可将毛发上细小的灰尘也清除干净，毛发自然“闪亮动人”。

短毛狗狗的梳理方式和中等长度毛发狗狗一致。另外，在梳理狗毛时，还可顺便给狗狗皮肤进行一次检查，看狗狗皮肤有无弹性，颜色是不是呈粉红色。如果不是，狗狗就可能患了皮肤病，最好送到医生处检查。

修剪体毛

给狗狗修剪体毛，不单单只是为了追求美丽，对于保养狗狗皮肤、体毛和卫生都非常有好处。修剪狗狗体毛也是一门艺术，你可以自己动手，也可以请宠物美容店的专业人士帮忙。

修剪狗狗体毛，要根据狗狗本身的品种特征来进行，不能为了满足个人的喜好，就将狗狗“整”成另类。一般来说，修剪体毛冬天可稍留长些，夏天则可剪短些；狗狗个头小，可以将头上的毛发稍稍留长，个头大的则可以稍稍剪短；狗狗脚底长长毛，走路就容易摔跤，不要为了崇尚个性而将其保留；肛门、生殖器、眼睛、耳朵附近的毛发很容易脏，若太长容易长有细菌，影响器官的健康，最好每隔2~3个月修剪1次，一定要剪短，不要心疼。

还要注意的是，修剪狗狗体毛，至少要留下毛发2~3厘米，而且只能剪不能剃，更不能把狗狗身上的毛发刮光，否则容易使狗狗感染各种皮肤细菌。而且狗狗还可能会很不习惯，甚至从此不肯出门、不肯见人，要直到毛发长出来为止。可见狗狗也是很“爱美”的啊！

健康毛发的保养

狗狗拥有光亮的毛发，就如同妙龄少女拥有一副好身材，让人艳羡不已。为了让狗狗在同类中脱颖而出，哈宠一族可谓是煞费苦心：有的让狗狗敷海藻面膜，有的让狗狗喝醋，还有的给狗狗涂抹蛋白，希望狗狗的毛发能更加闪亮、柔顺。

其实，这些方法都不怎么科学。比如用蛋白来涂抹约克夏或马尔济斯犬的毛，一旦干燥后，毛就会分叉、断裂，反而损伤毛质、毛根，使毛色更加暗淡，有时还会引起皮炎或皮肤病。如果你想要狗狗拥有美观的毛发，应该采取下列正确的做法。

◎每天给狗狗喂富含蛋白质的饲料，适当喂食含维生素E、维生素D的添加剂和海藻类食物，少吃富含糖分、盐分、淀粉等食物，避免狗狗肥胖。因为如果狗狗身材臃肿，一般毛质都会很差。

◎让狗狗多晒日光浴，多吸收紫外线，并经常运动，促进血液循环，使其长出健康的毛发。

◎空闲时可以经常给狗狗梳刷毛发，然后涂上薄薄一层植物型护毛油，尽量避免高温直接照射狗狗毛发。

◎给狗狗洗完澡后，要记得用浴巾将毛发擦到不会滴水的程度，再用吹风机吹干。北京犬、马尔济斯犬、博美犬和阿富汗犬等长毛狗狗，在洗澡后，若能用喷雾器装上蒸馏水，给狗狗背上的毛发喷上薄薄一层水，然后再吹干，就能使毛发蓬松、丰满、美观。

7. 狗狗穿衣扮靓

狗狗爱美，可不仅仅局限于毛发上。如果你仔细观察就会发现，但凡街上有主人相伴的狗，都有几套自己的宠物服装，还有那么几款独特的发型，这给热闹的大街增添了几抹情趣。

也许有人会说，给狗狗穿衣服、扎辫子，狗狗会喜欢吗？刚开始可能不会，但慢慢习惯了以后，它就会非常喜欢了。比如说，如果你家养了松狮犬、贵宾犬之类的长毛狗，若将飘逸的长发绑起来，狗狗吃食时不仅美观而且卫生，食物的碎渣也不会混入毛发丛中，对保护狗狗毛发大有好处。

扎花辫的俏皮狗

你可以先在宠物超市购买一些狗狗专用的橡皮筋、定型水，然后就可以开始给狗狗做美丽的造型了。最好不要给狗狗用我们自己的橡皮筋，否则可能会扯伤狗狗的皮毛。

清纯姑娘妆

先在头顶用造型梳梳开中线，然后在两边各扎一个小辫子。这种造型的狗狗犹如邻家小妹，漂亮极了。

爷们个性妆

将狗狗头部毛发全部集中到头顶，用橡皮筋扎好，然后用定型水将发束竖起定型，形成简单的一柱擎天辫。这样看起来是不是有纯爷们的顶天立地感呢？

狗狗穿新衣

如今的狗狗冬天冷了盖棉被，早已失去了自身调节御寒的本能。所以，为狗狗添置几件漂亮的新衣裳也是很有必要的事。

狗狗服装不能单看样式，布料才是首选因素。最好不要使用化纤的，纯棉的可以防止或消除静电，有效减少狗狗毛发间摩擦产生的不适感。

狗狗外出时则可以选用弹性面料的服装，这样方便狗狗活动。逢年过节时，还可为狗狗选件绸缎面料的服装，当然这种服装价位较高，但其细腻的纹路、柔软的手感，能使狗狗显得端庄、高贵。

第六章

细心呵护 让狗少生病

1.狗狗的四季护理重点

人类知道天气冷了要多穿衣，天气热了要少出门，可作为跟随主人步伐前进的狗狗，其春夏秋冬的行为没有自主性，通常都是主人安排怎么做，狗狗就怎么做。为了保证狗狗一年四季都健康，并且提高狗狗的抵抗力，身为主人的你就有必要根据四季的不同，采用不同的方式来照顾好狗狗。

春天

◎梳理毛发，避免感染。狗狗的被毛经过一个冬天的风雪洗礼，到了春天就会逐渐脱落。所以春天是狗狗换毛的季节，应及时梳理脱落的不洁毛发，否则，这些毛发就会引起狗狗皮肤瘙痒。狗狗一旦觉得奇痒难耐，就会有抓搔、摩擦身体等动作，以此来消除身体的痒痛感。而频繁的摩擦，会让狗狗皮肤受损，一不小心就可能引发细菌感染，给体外寄生虫和真菌提供机会，引起皮肤病。因此，春季每天早上都应该用梳子和刷子给狗狗梳理被毛。此外，由于冬

季狗狗洗澡次数很少，到了春季，就要逐渐增加洗澡次数了。在4月份时要记得给狗狗注射狂犬病疫苗。

◎及时防范，避免战争。除了换毛，春天还是狗狗发情、交配和繁殖的季节。如果这时你还不想让自家狗狗“成家立业”，那么一定要做好适当的防护措施，如打针、做手术等。尤其是成熟的小公狗经常会为争夺配偶而“大打出手”，所以对待公狗要更加严格，避免其与别的狗狗发生争斗，因为争斗不仅可能会对狗狗造成伤害，还可能造成主人之间的误会。

夏天

◎防暑降温。炎炎夏日，狗狗会将舌头伸到嘴外散热，但如果狗狗长期在烈日下活动，就会出现呼吸困难、皮温增高、心跳加快等症状。这时，你应该尽快将狗狗移到阴凉通风的地方，并赶紧用湿冷毛巾冷敷狗狗头部，情况严重时，必须送往宠物医院进行治疗。值得注意的是，当发现狗狗出现惧热的症状时，不能立即将狗狗移到空调底下吹风，因为狗狗骤然受到冷热交替的刺激，很容易感冒。

◎留意食物。夏天温度较高，狗狗的食物放在外面很容易发酵、变质，引起狗狗食物中毒。在这个季节里，就算你平时再懒惰也一定要勤快起来，经常观察狗狗的采食情况，及时做出调整，以保证狗狗每餐的饮食份量“刚刚好”，以免多余的食物坏掉，造成浪费。如果发现有变质的食物一定要倒掉，因为一旦被狗狗误食就很可能出现呕吐、腹泻等情况，影响狗狗健康。

◎清洗皮肤。夏季的雨后，天气就会变得很潮湿，这时应注意清洗狗狗的眼睛和耳朵，防止皮肤上长湿疹。另外，跳蚤也是导致家养宠物夏天瘙痒的最常见诱因。跳蚤的唾液会诱发过敏反应，使得瘙痒感扩散至狗狗全身，迫使狗狗使劲抓挠，引起红肿斑块。想要彻底清除跳蚤，可用洗发露、喷雾剂等定期给狗狗除污，并定期清洗所有狗狗接触过的被服、可清洗的物品，然后放在阳光下暴晒。消灭跳蚤是个长期而持久的工作，不想惹上这个麻烦，最好的方法是平时多注意狗狗卫生，做到防患于未然。

秋天

◎适量补充营养。秋季是狗狗新陈代谢旺盛的季节，所以每到秋天狗狗都会食欲大增，对营养的需求量很大。身为主人的你应适时调整狗狗饮食量，适当给狗狗增加营养。而且狗狗在秋天大量进食，能为冬天蓄积更多的热量。这时不用担心狗狗会长胖，只要饮食合理，狗狗完全能保持正常的体型。

◎预防感冒。进入秋季，气温逐渐下降，尤其是昼夜温差比较大，狗狗夜里很容易着凉。所以狗窝内也应适当增加棉被，做好保温工作，防止狗狗感冒。另外，在秋高气爽的季节，给狗狗洗澡、带狗狗出游之后，都要及时吹干狗狗被毛，否则也很容易引起狗狗打喷嚏。

◎繁殖和换毛。秋天是狗狗一年中第二个繁殖和换毛的季节，其管理和护理方法与春天相似，注意防止狗狗打架和皮肤感染。

冬天

◎防寒保暖。如果平时狗窝是放在通风的阳台上，毫无疑问，到了冬天就该换换位置了，应将其换到室内避风透光的角落，并及时增加和更换被褥，保持干燥。最好让狗窝远离地面，如放在小板凳上面，这样可防止狗窝受潮。此外，在风和日丽的天气里，最好带狗狗去户外活动，以增强体质，提高抗病能力。而且经常让狗狗晒太阳，能给狗狗杀菌消毒，还能促进钙质的吸收，有利于骨骼生长发育，防止发生佝偻病。

◎谨防狗狗患上“抑郁症”。如果你是个细心的主人，你会发现狗狗一到冬天就会出现无精打采、不爱活动、食欲减退等现象，连以往最喜欢的散步，也无法引起狗狗的兴趣。这些都是狗狗患上“抑郁症”的表现。这时除了要给狗狗足够的温暖外，还要随时提供清洁的水，尤其是在开了暖气的室内，更要确保狗狗随时能喝到干净的凉开水，以保证身体所需。

另外，冬天狗狗也需进行一些适当的运动，比如让狗狗在室内来回捡取物品、训练狗狗站立等，以帮助狗狗消化体内囤积的食物，防止狗狗积蓄过多的脂肪导致体型变化。

◎防烫伤、撞伤。冬天狗狗常呆在室内，这时，要注意家里的取暖器等保暖设备的加护工作，最好不要让狗狗去接触这类物品，以免烫伤。另外，如果冬天带狗狗出门，一定要记得套上牵引绳。因为冬天路上行人匆匆，而且经常有雨雪导致路滑，车辆刹车容易出现问题，如果狗狗在路上乱跑，不但会让狗狗面临生命危险，还可能造成严重的车祸。

当然还有许多要注意的问题，比如狗狗的眼睛疾病，不会因季节变化而变化，当给狗狗穿衣服过紧时，就会导致狗狗眼压升高，所以无论是春天给狗狗穿衣打扮，还是冬天给狗狗穿衣保暖，都要以宽松舒适的为好。另外，各地气候不同，一年四季都可能引发皮肤病，比如寒冷的冬天，许多人以为跳蚤要冬眠了，其实它只不过是活动力下降而已，有时还是会叮咬狗狗，所以，应全年度不分季节，固定每3~4周使用一次除蚤的药品。

2.疫苗是狗狗健康保障

关于给狗狗打疫苗，很多人会有这样的想法："我家狗狗很小的时候就注射过疫苗了，而且它很少出门，根本没有被传染的机会，哪儿还用得着再打疫苗？"其实，这种想法是绝对错误的。首先，狗狗的疫苗具备有效期，一旦超过有效期，疫苗就失去了作用，所以给注射疫苗并不能一劳永逸；其次，狗狗不经常出门，只能说明不会感染外界的病毒，但有些病毒却是在狗狗出生时就从母体上带来的，一旦狗狗抵抗力下降，就会引发各种疾病。

而且随着人们物质生活水平的提高，狗狗们也开始"养尊处优"，抵抗力大不如前。加上生存环境的质量也在发生变化，恶劣的环境使狗狗更易患病。想要让狗狗健康成长，必须按时接种疫苗。

狗狗打疫苗的时间如何确定？

我们知道，在购买狗狗的时候，必须要求卖家出具狗狗打疫苗的记录才能放心购买。而身为狗主人的你也不能掉以轻心，还要按照这份记录，继续给狗狗打完剩下的疫苗。

◎注射血清。通常在狗狗一出生时，就应该给它注射血清，增强抵抗力。血清发挥作用需要7天的时间，这7天里最好不要带狗狗出门，不要给狗狗洗澡，更不要让它接触其他的狗狗。这段时间如果狗狗一切正常，没有食欲不振、精神不佳等现象，表示狗狗对血清不过敏；如果狗狗出现高烧、流鼻涕、咳嗽等情况，就应立即带狗狗去宠物医院检查，千万不要拖延，因为这很可能是过敏的反应。

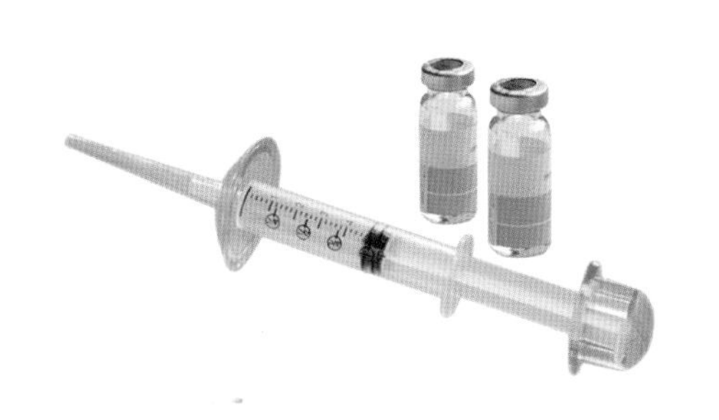

◎六联疫苗。如果狗狗一切正常，50天后，你可以带着狗狗去宠物医院注射第一针六联疫苗。所谓六联疫苗是指可以预防狗狗6种传染病的疫苗，包括犬瘟热、细小病毒病、传染性肝炎、腺病毒病、副流感和犬钩端螺旋体病。疫苗应连续注射3次，每次间隔约20天，之后每年注射1次。疫苗有进口和国产两种，效果和价格都各不相同，所以挑选时可根据主人的经济能力来定。切记：应先确认狗狗健康才能注射疫苗。

◎狂犬病疫苗。在狗狗长到3个月大时，还应给它注射狂犬病疫苗，此后每年注射1次。狂犬病是人狗共患的传染病，尤其是患病的狗咬伤人类，其后果是比较严重的。所以给狗狗注射狂犬疫苗，是养狗一族应尽的义务和责任。

狗狗打疫苗应注意什么？

◎记录好每次打疫苗的时间。有了这份记录，不仅可以清晰地知道狗狗已经注射过哪些疫苗，防止重复注射，还可提醒主人下一次注射疫苗的时间。通常狗狗下一年注射疫苗的时间，应该比上一年提前约1个月，这样可避免因疫苗

提前失效导致狗狗意外感染。应注意：注射疫苗后1周内不宜给狗狗洗澡。

◎选择正规的宠物医院。如今城市里的各大宠物医院良莠不齐，为了避免在黑心医院上当受骗，在送狗狗入院之后，首先不要急着给狗狗注射疫苗。可以先在一旁观看兽医给其他狗狗接种疫苗的过程，尤其要注意兽医有没有在注射疫苗前给狗狗量体温，有没有检查药物的生产日期，药品是否按顺序全部注射到狗狗体内等。一系列的现象，都可以看出这家宠物医院医护人员是否负责，从而决定是否让狗狗在这里接种疫苗。

◎随时关注狗狗健康。狗狗可能发生的疾病有数百种，而疫苗只能预防其中的六七种，所以即使注射了疫苗，也要细心关注狗狗的健康。当狗狗出现身体不适时，及时找出原因，对症治疗。另外，疫苗只具备防御作用，并不具备治疗功能，因此当狗狗已经感染病毒，或是体质突然变弱时，应该暂停打疫苗的计划，先将狗狗的身体调养好，等它的抵抗力逐渐恢复后，再在健康的状态下注射疫苗。

3.驱虫不可忽视

很多爱狗一族都认为，只要和狗狗分享自己的喜怒哀乐，并为它提供最丰盛的美食，就是宠爱狗狗的表现。但是，科学饲养狗狗并不是件容易的事，还需要主人投入更多的精力去关心狗狗的健康。其中，给狗狗驱虫就是一项不可忽视的任务。

为什么要给狗狗驱虫

除了由螨虫等体表寄生虫引起的皮肤病，狗狗还会经常患上由蛔虫、绦虫等引起的疾病。它们不仅影响狗狗的生长发育，而且会为其他病原体创造条件，从而引发其他的疾病。更为危险的是，这些绦虫、蛔虫等寄生虫，还可能入侵到人体内，影响人类的身心健康，所以给狗狗驱虫必不可少。

怎样判断狗狗是否已感染寄生虫

狗狗一旦感染寄生虫，食量会变得惊人的大，但在没怎么运动的情况下，吃得再多也始终不会发胖。如果出现这种情况，可能就是狗狗体内“居住”寄生虫。这些寄生虫短时间内不会让狗狗毙命，但如果狗狗不按时就餐，寄生虫就会从狗狗内脏器官中吸收营养，造成狗狗食欲不振、消瘦、发育迟缓、便秘或腹泻、呕吐，从而威胁狗狗生命。

狗狗驱虫从何时开始

一般来说，当狗狗出生20天时，就应该进行驱虫工作了，主要是驱除线虫和体表寄生虫。因为大部分狗狗小时候都会有肠道寄生虫，这些虫子是由狗妈妈经乳汁传播而生成，另外，小狗狗自己舔土、墙或其他狗狗的粪便等也会感染寄生虫。20日龄时进行第一次驱虫，以后每月1次直至半岁，半岁后每季度驱虫1次，成年后每半年驱虫1次。要注意的是，成年后的狗狗，体内的寄生虫一般呈隐性状态，所以即使没有在粪便中发现寄生虫的虫体或虫卵，也要坚持按时进行驱虫。

如何选择驱虫的药

给狗狗驱虫，一般都是根据兽医的检查结果来进行的，一旦确诊，兽医就会根据狗狗的年龄选用适当的药物进行治疗。比如第一次驱杀狗狗体内的寄生虫，常用左旋咪唑等内服药，成年后可选用丙硫咪唑等药物。驱虫时药物的剂量一定要适当，不能过少或过多，过多会导致狗狗发生中毒反应，过少又不能达到驱虫的目的。药量一般按照狗狗的体重来计算，如每5千克体重服用1片药，20千克的狗狗就应服用4片药，以此类推，每天1次，连吃3天，对驱除蛔虫、绦虫和钩虫等都很有效。假如自己实在拿捏不好药量，可事先向兽医咨询清楚，然后再动手给狗狗服药。

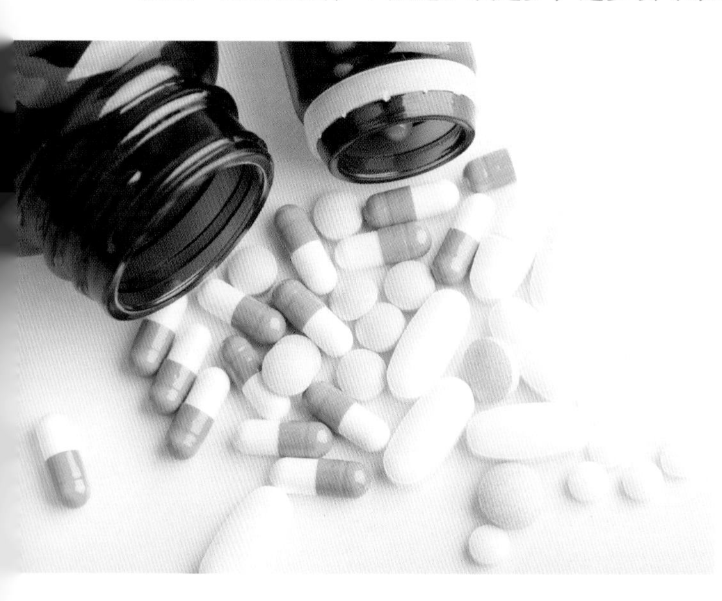

4.狗狗易得的三种病

随着社会交流的频繁、生活水平的提高，人类得病的概率也不断提高，狗狗也同样如此。身为主人的你，了解狗狗的生活规律和发病的特点是非常有必要的。只有熟悉了狗狗的发病特征，才能预防狗狗生病，确保主人和狗狗都健康。通常来说，狗狗得病多半是由于饲养管理方法不当、疫苗接种率不高等原因造成的。而狗狗最容易患上的疾病，一般有消化不良、螨病、犬瘟热3种。

消化不良

生病原因

狗狗消化不良，一般是主人饲养管理不当造成的。很多时候，主人自身的生活不规律，饲养狗狗也不讲究规律，让狗狗的饮食时间经常紊乱；或是让狗狗饥饱不均，一餐饱一餐饥；又或是食物不卫生，让狗狗冬天吃冷食、夏天吃腐食，餐具不干净，久用没消毒等，都可能导致狗狗消化不良。

具体表现

消化不良的狗狗，最有可能出现的症状就是便秘和腹泻，有时还伴有呕吐。最初的呕吐物一般为刚吃进去的食物，后面变成了泡沫样的黏液和胃液，并且在呕吐物中可能还混有血液、胆汁和黏膜碎片等。狗狗轻度消化不良会出现腹痛等症状，身体弯曲匍匐在幽暗的角落，腹部紧张，小便颜色偏黄，这些症状一般会持续2~5天。严重消化不良时会发生抽搐等情况，最好立即送宠物医院检查治疗。

预防治疗

如果发现狗狗消化不良，首先必须停止喂食一天，之后再喂稀饭、菜汤等易消化的流质食物。如果是轻度消化不良，可给狗狗吃些健胃助消化的药物；如果狗狗拉稀，且粪便中混有黏液、血液等物质，可给狗狗口服黄连素之类的药品。当然，药剂量不宜过大，且最好能够混在食物中喂食。

螨病

生病原因

螨病是一种皮肤病，俗称癞皮病，是由螨虫引起的一种体外寄生虫病。一旦有螨虫存在于狗狗皮肤、被毛上，就会引起瘙痒、溃烂。如果生了螨病的狗狗和人有过接触，还会将这种病传染给人类，而且传染性极强、速度极快。如果狗狗不注意卫生，经常和流浪狗玩耍，或是喜欢呆在外面肮脏的地方，都会导致身上长螨虫。

具体表现

狗狗一旦患上这种疾病，在眼睑及周围皮肤处，额头、颈部下方、肘部、腹部、股内侧等被毛多且幽暗的地方，多会出现斑点、皮肤粗糙、脱屑或长小疙瘩等。如果病情严重，患病的皮肤上还会长脓疱。脓疱中又含有大量的螨虫虫卵，这样恶性循环，家里的动物，包括狗狗的主人在内，都可能会被螨虫侵害。

预防治疗

为了避免狗狗感染螨虫等皮肤疾病，应该每年定期给狗狗注射疫苗，并有规律地给狗狗除螨，即使是在冬天，也要照常给狗狗洗澡，注意保持卫生。通常来说，狗狗在20~25日龄时，就应进行除螨驱虫了，以后最好每月进行1次。狗狗厕所也要彻底打扫，粪便要集中销毁，以免日后再污染。另外，狗狗的水槽每天应该清洗1次，食槽、水槽每周消毒1次，可采用高温煮20分钟的方法，也可采用4%的碱水溶液浸泡，最后用清水洗净即可。

如果狗狗已经患了螨虫疾病，可以采用药物治疗法，如用含有除螨剂的洗发液洗浴，每4天洗1次，效果很好，然后用抗过敏药膏涂擦患处。狗狗的生活环境也要干净整齐，狗狗的床单、被褥清洗后要高温消毒，不出1个月，狗狗的病情就会有所好转。

犬瘟热

生病原因

犬瘟热就是人们通常说的“狗瘟”，是由犬瘟热病毒引起的传染病，一般多在春季发生，以4~12个月大的狗狗最容易患病，如果不及时治疗，死亡率非常高，幼犬高达80%。这种病传染性很强，通过消化道、呼吸道都可以传染，鼻汁、唾液、血液、尿液中都可能带有病毒，一旦被其他狗狗接触，很可能也感染发病。

具体表现

在患病初期，狗狗精神倦怠，食欲下降，对身边任何事情都没有兴趣，眼睛和鼻子里还会不断流出水样分泌物，甚至体温升高至40℃以上，且持续1~3天高烧不退，之后有所缓解，但几天后很可能再次升高，高温持续时间更长，周而复始，最终引发身体其他器官感染。在患病后期，狗狗会全身抽搐，口吐白沫，有点像中毒的反应，严重时甚至会昏厥休克，直至最后心力衰竭而死。

预防治疗

犬瘟热虽然看起来非常可怕，但是完全可以预防。在狗狗出生后不久，一定要及时给它注射抗瘟疫苗，并训练狗狗少在外面“惹是生非”，不要和流浪狗接触，不随便吃外面的东西，这样就可以杜绝这种疾病了。

如果狗狗已经患上了犬瘟热，则应该及时注射特异性高免血清，可以有效清除狗狗体内的病毒，根据病情确定每天注射的次数。然后再用抗生素控制继发性感染，最后对症治疗，给狗狗补充营养液。当然，这种病一般都需要在兽医的指导下治疗，自己最好不要胡乱给狗狗吃药或打针。

相对于其他动物，人类和狗狗更加亲密，接触也频繁，因此一旦狗狗患病，应及时治疗，以免殃及主人一家。

5.极易骚扰幼犬的细小病

狗狗细小病毒病，是一种高度接触性传染病，它是变异了的DNA病毒病。细小病在各个年龄段的狗狗身上都有可能发生，但通常以刚断乳至出生90天的狗狗发病率最高，病情也最严重。这种病一年四季都可能发生，尤其以天气寒冷的冬春季节最为多见，因此细小病也被称为“极易骚扰幼犬的疾病”。

细小病从何而来

细小病的感染途径很多，直接或间接地接触病原都可能导致感染，如生病狗狗的粪便、尿液、呕吐物、唾液，还有被病毒污染过的食物、狗窝等，都有可能传播病毒。尤其在狗狗被领养之前，生活在群养的环境中时，这种病的发病率可高达50%以上，致死率则可达到30%~70%，严重威胁狗狗的生命。

细小病有何表现

通常来说，细小病主要有两种类型的表现，一种是心肌炎型，一种是肠炎型。

◆心肌炎型

心肌炎型细小病多发生在出生40天左右的狗狗身上，且患病初期一般没有明显症状，外表看起来很健康，而一旦发病，就会因心脏功能不全、心力衰竭、呼吸困难而死，从发病到死亡的时间极短，有时甚至来不及抢救。不过，也有的狗狗会在发病前期出现轻度腹泻的症状，如果救治及时，或许能挽回生命。

◆肠炎型

和心肌炎型相比，肠炎型症状要明显得多。肠炎型细小病毒会在狗狗体内潜伏7~14天，随后狗狗体温立刻会升至

39.5~40.5℃，出现精神抑郁、拒食、呕吐、拉稀等症状。在发病初期，呕吐物多为刚刚吃进肚子里的食物，之后随着病情加重，呕吐物变成了黄绿色黏液状物，有时还伴有血液。另外，在发病初期，狗狗粪便呈灰黄色稀状，随着病情发展，粪便变成了咖啡色或番茄色的鲜血便，且排便次数明显增多，粪便还带着特殊的腥臭味。

一般根据狗狗的呕吐物和番茄色样血便，就基本可诊断狗狗患上了细小病。如果继续放任狗狗拉稀，狗狗就会严重脱水、眼球下陷、皮肤失去弹力、体重迅速下降，最后导致机体休克、昏迷死亡。狗狗患上肠炎型细小病，如果是急性发作，在1~2天内即死亡；如果是慢性发作，整个发病过程则会长达1周。

细小病如何防治

◆细小病的预防

预防狗狗细小病，可在狗狗出生8~12周时，给它注射1次细小病毒病灭活疫苗，在这期间应避免狗狗生病，2周后再注射1次疫苗，之后每年注射1次疫苗，以提高狗狗的抗病毒能力。

◆细小病的治疗

如果发现狗狗已经感染了细小病，应立即将狗狗进行隔离饲养，以防止感染其他动物，或生病的狗狗反复感染。另外要对狗窝及狗狗活动场地进行反复消毒，可用2%的消毒液或10%~20%的漂白粉。

然后应开始对狗狗对症治疗，可从两方面入手：第一，给狗狗注射高免血清，用量一定要遵医嘱；第二，消炎、补液、止血、止吐全面进行，消除病毒。先用氨苄青霉素肌注，1日2次，防止狗狗继发感染，用量要遵医嘱。再用5%碳酸氢钠注射液混合葡萄糖盐水，给狗狗静脉注射补液，防止脱水。接着给狗狗补充复合维生素B止吐，当病情好转、开始进食时，可给狗狗服用止血剂，如次硝酸片等，并在食物中添加食母生或多酶片，以帮助消化。

6.真假感冒要分清

和人类一样，狗狗也会感冒，感冒可引起鼻腔、咽喉、气管等黏膜发炎。狗狗感冒在一年中任何时候都会出现，尤其在寒冷和空气干燥的季节，即通常人类流行感冒的时候，狗狗也会流行感冒。如果狗狗只是单纯的感冒，治疗起来并不困难，但很多情况下狗狗会“假感冒”。狗狗假感冒的症状和真感冒很像，很容易将主人蒙蔽。这不是说狗狗喜欢“无病呻吟”，反而是假感冒的症状很有可能是狗狗患上了其他疾病的先兆，所以了解狗狗真感冒的症状至关重要。

真感冒症状如何

狗狗患上真感冒的情况有两种，一种是伤风感冒，一种是流感。

◆**伤风感冒**

伤风感冒多发生在早春、晚秋和气候骤然变化的时候，而病因多半是由于狗狗突然遭受冷空气刺激。比如，在寒冷的冬天淋雨、露宿，春秋季节睡觉时遭遇穿堂风侵袭，夏天吹空调，气温变化时洗澡、主人没有及时吹干毛发等，都会导致狗狗受寒而感冒。

患上伤风感冒后，狗狗精神抑郁、食欲减退，有时甚至会绝食。扒开狗狗的眼睛，还会发现它的眼结膜潮红，眼睛总会“噙满了泪水”。感冒严重的话，还会有流脓状鼻涕、呼吸加快、体温升高、上吐下泻、浑身颤抖等症状，如不及时治疗，很可能引发支气管炎、呼吸道感染等并发疾病。

◆**流感**

顾名思义，流感是由流感病毒引起的，常常

是狗狗在外玩耍时，被其他携带病毒的狗狗传染。与人类的流感一样，狗狗的流感传染率也非常高。一般只要接触患病狗狗的粪便或气味，就很可能感染，发病迅速且严重。

流感除了具备伤风感冒的明显症状外，还会发热至40℃左右，并且狗狗喉咙里会时不时地发出“轰隆隆”的干吼声，病情通常持续1~3周，如果不及时治疗，常会引发结膜炎、肠炎等疾病。

真感冒如何治疗

要治疗狗狗感冒，首先应该让狗狗处在温暖避风的环境中，治疗的原则以解热镇痛、祛风散寒为主。如果不想麻烦医生，可以给狗狗口服扑热息痛等药物，每次服用0.5~1克。为防止继发感染，还可购买一些抗生素或磺胺类药物，注意剂量不要过大，为保守起见，可按照说明书上注明的药量减半进行。

如果狗狗病得厉害，则应将狗狗送到宠物医院治疗，可采用5%葡萄糖盐水250毫升、庆大霉素2~4毫升等混合静脉注射。待病情好转后，再转为药物治疗。另外，要给狗狗多饮水，并保持安静的环境，让狗狗休息好。

假感冒有何症状

狗狗许多传染病的早期症状和感冒很相似，如前面说到的犬瘟热、细小病等，都会有体温升高、打喷嚏、流泪、流鼻涕等症状，很容易让人误认为狗狗是患了感冒，以至于耽误病情，错过最佳诊治时机。

但仔细观察后你会发现，这些传染病大多伴有特殊症状。如狗狗患犬瘟热时，体温会忽高忽低，呈双向热的势头，且有大量眼屎；而患细小病早期，狗狗呕吐物会有血丝，腹泻物呈有色稀状，这些都是流感所不具备的症状。

7.狗狗呕吐主人要先诊断

狗狗呕吐了，这到底算是怀孕的症状，还是吃坏了东西生病的症状呢？通常来说，如果雌性狗狗吐出食物后，马上又将食物吃回去，之后就像没事一样，这样的呕吐多半是生理性的，很有可能就是怀孕的症状，可以不用就医。

但如果狗狗没有将吐出的食物再吃回去，或是频繁呕吐，比如一个月内至少呕吐3次，那很可能就是生病了。

观察狗狗的呕吐物是什么

狗狗呕吐时，身为主人的你应细心地观察呕吐物的颜色和形态。不要觉得恶心，只有这样做，才能让你更快、更清楚地知道狗狗的身体状况。

如果是刚刚吃完东西，还没有完全消化就吐出来了，那很可能是食物不容易消化、过大或过硬所致；如果吃完有一段时间了，而且已经消化的食物再吐出来，那很可能是食物不卫生，或是狗狗自身的某些疾病所致。观察那些吐出来的已消化完的食物，其不同的状态，可能意味着狗狗不同的身体状况。

◎如果狗狗的呕吐物为白色、黏性较强，像是喝咖啡加糖后上面的一层膜，或者粘到一拉就全部跟起来，那呕吐物多半是由唾液组成的。这种情况大多数是由食道异物引起的，比如骨头卡在食道内了，或是出现了先天性心脏病，这时应到宠物医院查明。

◎如果呕吐物是无色透明或白稀状，那就是胃液，以急性胃炎最为常见。如果狗狗吐完后一切正常，禁食12小时就可以恢复。如果持续呕吐，则很可能是胃肠道阻塞异物或肝肾问题引起，就要去宠物医院检查。

◎如果呕吐物是黄水并有臭味和泡沫，那就是胆汁，可能是长期饮食不当引起的胃炎，多发生在未进食之前，而且吐完以后狗狗一切正常。这是狗狗常见的呕吐病之一。

◎如果呕吐物为咖啡色或鲜红色，那代表狗狗胃部有出血，最常见的是十二指肠溃疡及胃溃疡。这时不能再犹豫了，应赶快送去宠物医院，让狗狗接受治疗。

狗狗呕吐不断，我们能做什么

一般来说，患上胃炎的狗狗不必急着送医院，可采取以下措施自救。

◎首先要止吐：给狗狗止吐，可以给狗狗服用人类止吐的胃药，如吗丁啉等。根据狗狗的体重，每次给狗狗吃1/4~1/2片，切忌过量。或是给狗狗服用含有镇静、止吐功能的药物，如人们晕车时吃的乘晕宁，服用量也要减半。

◎照顾狗狗饮水：狗狗呕吐时可让其禁食24小时，然后再继续供应水，用勺子喂，可减少水分对胃的刺激。每次喂水不宜过多，少量多次，可每隔30分钟喂一次水。

◎让狗狗吃流质食物：等狗狗喝水不吐后，再给狗狗吃少量易消化的食物，如粥、泡软的狗粮等。在狗狗停止呕吐后的三四天内，喂食量都要为原食量的1/3~2/3。

总的来说，狗狗常常能在呕吐后很快“恢复”，其实这大部分都是表面现象。除了生理期的呕吐外，最好都能带狗狗到宠物医院检查，及时确定病因，然后对症治疗。

8.如何给生病的狗喂药

狗狗生病时，作为主人的你并不需要所有的问题都找宠物医生帮忙，尤其是医生开出了药方之后，接下来就是要由你自己动手了。可是给狗狗喂药，难度不亚于给孩子喂药，它们总是会将整个喂药过程弄得极其复杂。

是不是可以将药物混在食物中喂给狗狗吃呢？这虽然是个不错的主意，可药效却会打折扣。更何况有些药物，如水溶液的药物，放在食物中很容易变质，导致药品失效。所以，学点给狗狗喂药的本领还是有必要的。

利用口令，让狗狗先坐好

如果你的狗狗足够乖巧，你就不需要大费周折地请人帮忙，只要一个口令："坐下，张嘴。"然后你动作迅速地将药片塞进狗狗的喉咙里，再轻轻地合上它的下颌，将它的头向上抬起1分钟，同时抚摸狗狗的脖子，帮助狗狗把小药片吞下去。狗狗可能会以为你给它吃的是零食，当然就欣然接受了。

自己动手，吞药时助狗狗一臂之力

当狗狗不愿意张嘴吞药时，你可以请人帮忙摁住狗狗头部，而你则用大

腿夹住狗狗颈部以下的部位，让狗狗不能动弹。然后你用左手掌心横穿狗狗鼻梁，用拇指和食指分别从两口角边打开口腔；或用拇指和中指挤压狗狗嘴巴中央，让狗狗感觉不自然而张开嘴，这样你就可以将药片、药丸等快速地送进狗狗嘴巴内，然后放开左手，用右手托住狗狗下颌，让狗狗自己吞下药片。

如何让狗狗吞下水溶性药液

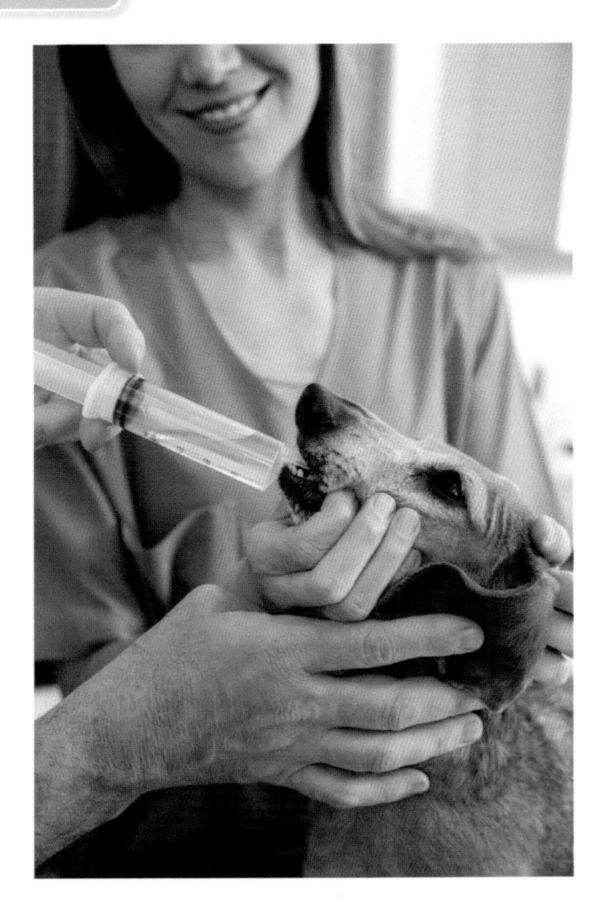

固体的药品只要送到狗狗嘴巴内就可以了，但要如何让狗狗顺利服用水溶性的药液呢？方法很简单，首先，还是用口令让狗狗端坐，否则就请人帮忙，总之一定要将狗狗固定，尤其是头部。然后左手自狗狗嘴角边打开口腔，右手持药瓶或汤勺送药到口腔前端，倒入药液，让狗狗吞下。3~5秒后，继续喂，直至喂完药品为止。当然，为了方便，你也可以去药店买个注射器（不带针头），将水溶性药液全部吸入注射器中，然后将药液喷到狗狗口中就可以了。但注射器喷洒药品时，速度不宜过快，否则狗狗无法全部吞食，很容易导致药品浪费。

给狗狗喂药时，要让狗狗的头部适当抬高，但也不宜太高，以免造成狗狗无法呼吸，使它躁动不安，加大喂药的难度。一般来说，以向前上方倾45°角为好。

9.警惕狗狗肛门腺发炎

有养狗的人常常会发现这种情况：狗狗扭着头，然后转着圈，试图舔自己的屁股。人们看到这一幕，常常会觉得狗狗又可爱、又可笑。但实际上，这很有可能是狗狗生病的表现，绝不能掉以轻心。因为这种现象可能是狗狗的肛门腺发炎了。

狗狗为什么会肛门腺发炎

所谓肛门腺，就是位于狗狗肛门两侧的囊状腺体，里面是一些浅黄棕色的分泌物，通常会随狗狗排便排出体外。但如果肛门腺发炎了，就会出现一些异样物堵住肛门腺，导致分泌物不能及时排出，积留在肛门腺周围，压迫肛门腺产生疼痛感，所以狗狗会用力舔舐肛门周围。狗狗很容易患上肛门腺炎，因为狗狗平时经常“席地而坐”，排便后又不会用纸巾擦干净肛门，肛门天天暴露在外面，细菌、病毒就会趁机而入，引起肛门腺炎。

肛门腺发炎如何防治

如果狗狗的肛门腺已经发炎了，作为主人的你肯定是无法医好它的，最直接的办法就是尽快送去宠物医院进行诊治。但在平时做好预防工作，就可以大大减少狗狗肛门腺发炎的概率，你也不必频繁抱着狗狗去宠物医院了。每次给狗狗洗澡时，都顺便将肛门腺内的分泌物挤出来，就是一个很好的预防办法。当然，为了卫生起见，最好戴上口罩和一次性手套，并按照正确的操作方法来进行。

◆固定狗狗：首先，你需要找一个人帮忙按住狗狗，不能让它的四肢乱动，更不能让它回头，以免因为疼痛咬伤主人。但要注意的是，在给狗狗洗完澡开始挤肛门腺时，你的头一定不要离狗狗的肛门腺太近。

◆用发夹向上夹住狗狗的尾巴：固定好狗狗后，接下来就要将狗狗的尾巴向上翻，使得肛门突出，既可避免弄脏狗毛，也方便挤压肛门腺。

◆注意挤压的手法：挤压狗狗肛门腺时，可拿面巾纸或棉花盖在肛门上，以免挤出的污物弄脏你的衣服。然后将大拇指和食指分别放在狗狗肛门的两边，由内而外地慢慢挤压。

挤出的分泌物说明炎症程度

如果挤出的分泌物不多，而且干湿程度相当，没有任何恶臭味，这种是正常的症状，但以后还是要坚持挤压，以保证狗狗肛门腺永远健康；如果肛门腺内的分泌物像牙膏一样被人挤出来，而不是喷出来，说明肛门腺已经被堵塞一段时间了，这时只要轻轻一碰污物就会出来；而如果挤出来的分泌物呈浅黄棕色水状，带有脓血，还伴有阵阵恶臭，说明狗狗肛门腺附近的其他部位也受到了感染，这时需要请专业的医生帮忙治疗。

多长时间挤压一次肛门腺

为了保证狗狗肛门腺的健康，最好定期检查肛门处有无红肿等情况。而多久挤压一次肛门腺，取决于狗狗平时的生活习惯：经常吃肉，且习惯在地上打滚的狗狗，最少要保证每月挤压1次，其余情况下可适当延长间隔时间。体型较小的狗狗，一般会比体型较大的狗狗更容易发生肛门腺堵塞，因为它们的消化功能没有大狗狗强，从而更容易产生滞留物残存体内，因此更要勤加挤压。

10.狗中暑先自救

狗狗是一种抗寒能力强、抗热能力弱的动物。高温会让狗狗觉得异常痛苦。因为狗狗的汗腺全部在舌头上，所以我们经常能看到狗狗伸着舌头“喘气”。这种行为说明天气很热，狗狗需要喝水降温，或是停止活动，安静休息。但是大多数狗狗天生都酷爱运动，即使是在炎热的夏天，也喜欢外出活动，所以很容易中暑。

了解狗狗中暑的症状，并采取适当的防护措施，是每位养狗人必须掌握的。

狗狗中暑的症状

一般来说，狗狗正常的体温应该保持在37.8~39℃。当体温达到40℃时，内脏器官开始受损；体温到达41℃以上时，就直接危及生命了。在高温闷热或是高温湿闷的环境下，最快20分钟，狗狗就可能全身器官衰竭而死。所以相对寒冷的天气来说，高温才是对狗狗健康的最大威胁。

许多粗心的主人没有意识到这一点，在带狗狗出门时，常常将狗狗遗忘在烈日暴晒下的车内，或是将狗狗关在强光照射下的阳台上，这些都极其容易导致狗狗中暑。那么如何辨别狗狗是否中暑了呢？一般来说，狗狗中暑的表现有以下几种。

◎嘴巴大张着喘气，并且喘气时肺部还有杂音，嘴唇边出现唾沫，有点像流口水。

◎走路像在打太极，左右晃动，身体始终无法平衡。

◎身体虚弱，意识模糊，趴在地上对任何事情都没有兴趣。

◎腹部无毛的部位，中暑后很可能出现潮红，有广泛出血点、出血斑等情形。

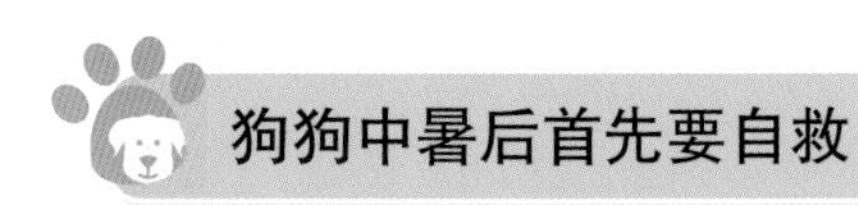

狗狗中暑后首先要自救

当狗狗出现中暑症状后，在送狗狗去医院之前，先要自救。首先将狗狗的项圈、牵引绳取下，然后查看狗狗症状，如果只是流口水、急喘、躁动等轻微的中暑症状，可先将狗狗移到荫蔽处，或用电风扇、冷气降温，然后再喂狗狗喝适量的凉水，狗狗就可慢慢恢复了。但如果情况较严重，那就要用冷水淋湿狗狗全身，然后送往医院急救。

而当狗狗出现重度中暑，已出现昏迷休克症状时，可用酒精擦拭全身，或从肛门处向直肠中灌冷水，然后尽快送医院。在送医院的途中，要注意将狗狗的头放低，让它的脖子伸直，保持呼吸道畅通，以防止狗狗出现呕吐，加重病情。

防高温，预防狗狗中暑

预防狗狗中暑，首先要改善它的居住环境，可给狗狗配置一台电风扇，但一定要将电风扇定时，并开在中小档。空调房对于狗狗来说非常不利，如果一定要吹空调，则要给狗狗垫上厚厚的棉絮。此外，高温天应经常给狗狗补水、测体温。

11.保护狗狗的眼睛

爱狗人士都会发现，狗狗有一双“会说话的眼睛”，而且常常是“含情脉脉”的，看起来楚楚可怜。狗狗与主人的交流，也少不了眼神的对话。因此对于狗狗的眼睛，主人自然也要好好呵护，不能让它生病。而眼屎对于狗狗的眼睛来说就是一个不能忽视的问题。

和人类一样，狗狗的眼睛和泪腺也会有分泌物。在正常情况下，狗狗的眼屎呈浅色，干了以后会变成褐色，有时在内眼角形成硬团，很容易清理。但不仅眼睛正常的狗狗会有眼屎，眼睛不正常的狗狗同样会产生，这时就需要主人格外注意了。

不正常的眼屎是什么原因引起的

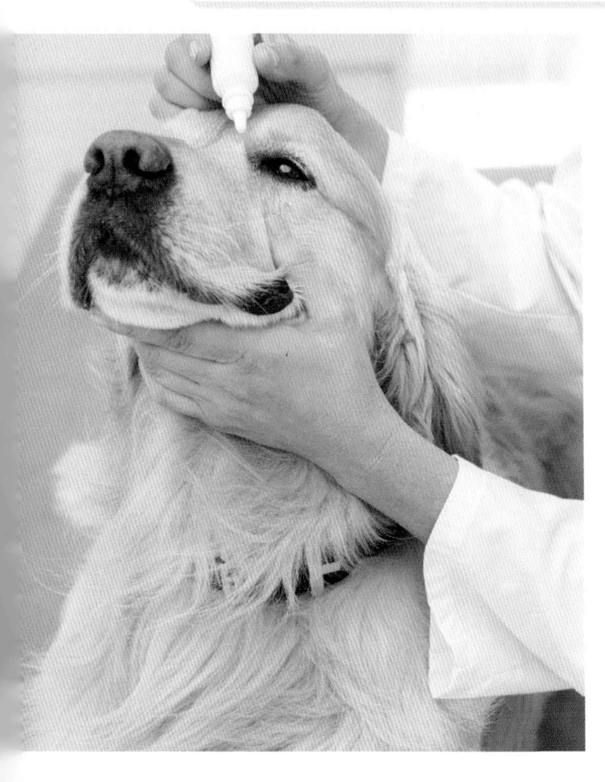

有些狗狗平时眼屎就比较多，但一直没有出现流泪的不良情况，这种现象是正常的。但是，当狗狗眼睛出现特别多、颜色特别深、特别混浊的眼屎时，就说明狗狗的眼睛有问题了。这种眼屎不仅集中在眼角，在眼睛的周围也都会有。狗狗眼睛出现问题的原因有很多种，有可能是因为吃了太多的动物内脏，导致体内“上火”，也有可能是因为刺激引起的眼睛发炎，当然也很可能是由其他更为严重的疾病引起。这些问题都会通过眼屎表现出来，所以狗狗眼屎是不容忽视的问题。

狗狗有不正常眼屎如何治疗

如果你经常给狗狗清洗眼睛，平时都很正常，若突然发现狗狗眼屎增多了，这时，可观察下狗狗的眼睛是不是在流泪，是不是特别红，如果有这些状况，那很可能是眼睛发炎了。

治疗方法：可以试着给狗狗使用人用的氯霉素眼药水。一般对于轻微的眼睛发炎，这种药物效果都很好。可按照人类用药标准的1/2，连用一周，不良情况就会有所好转。如果连续使用几天，依然没有好转的迹象，那就应尽快带狗狗去宠物医院检查。

哪些狗狗平时应多关注眼睛健康

对于淡色的长毛狗狗，平时应多关注它们的眼睛健康。因为要保护好狗狗的眼睛，一定要保证及时清理狗狗毛发，而淡色的长毛狗狗毛发较多，很容易掉进眼睛里，这类狗敏感程度又不高，对眼睛里的杂物不会有特别的反应，毛发肯定就会刺激眼睛，导致狗狗分泌褐色的眼屎，或是眼屎增多、流泪等。如果不赶紧将毛发从眼中取出，褐色的眼屎就会像染色剂一样，把狗狗眼睛周围的毛发全部染成红褐色，脏乱不堪，到时再想洗掉颜色可就很难了。像比熊犬、贵妇犬、牧羊犬、西施犬等，都是眼睛大、毛发多的狗狗，平时应多关注它们眼睛的健康，以免狗狗遭受眼疾之苦。

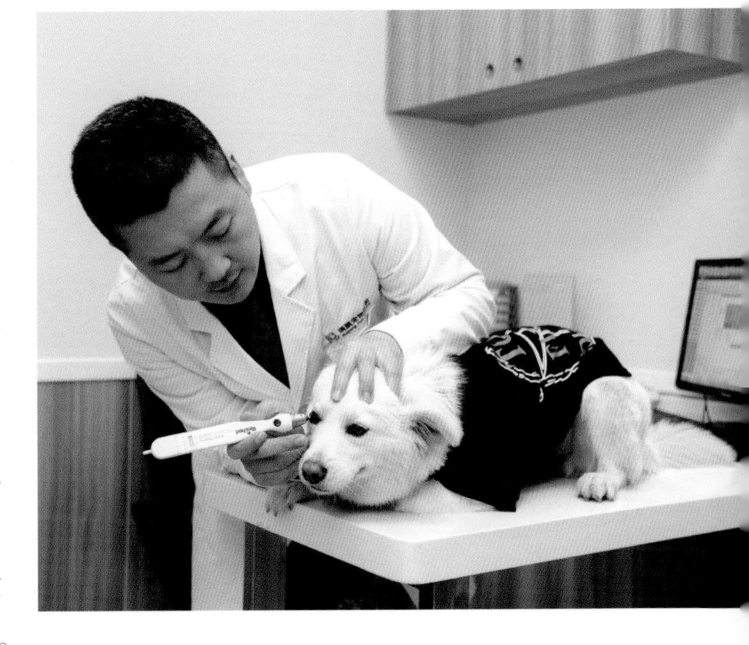

12.小心狗狗染上“富贵病”

如今社会的物质条件越来越好，人们的生活水平也不断提高，不只是人会得“富贵病”，连狗狗也卷入了“富贵病”的行列中。超重是“富贵病”最常见的一种情况。或许有些人会以为，自己家的狗狗肥胖一点更加可爱，而且看起来很健壮。殊不知，肥胖不仅能影响人类健康，而且还危及狗狗健康。它会让狗狗患上心血管病、骨骼退化、高血压、糖尿病、颈椎病等多种疾病，严重时甚至会危及狗狗生命。

什么原因让狗狗一胖再胖

除了众所周知的贪吃、少运动之外，引起狗狗肥胖的原因还有狗狗的品种、性别以及绝育等。一般来说，像巴哥犬、腊肠犬等，都是天生容易肥胖的犬种，而且通常情况下，母狗比公狗更容易发胖。当然如果你养错了狗狗品种，即一开始在挑选狗狗品种时，仅从自己喜好的角度出发，没有考虑狗狗的性格、自己房屋的结构、周边环境等因素，也会导致狗狗肥胖。比如家里空间窄小的人养了大型犬，喜欢安静的人却养了金毛寻回犬，而体型较大的狗狗和金毛寻回犬都是典型的运动犬种，需要大量的运动才能保证健康，否则就算不贪食，也会迅速发胖，失去优美的形体。

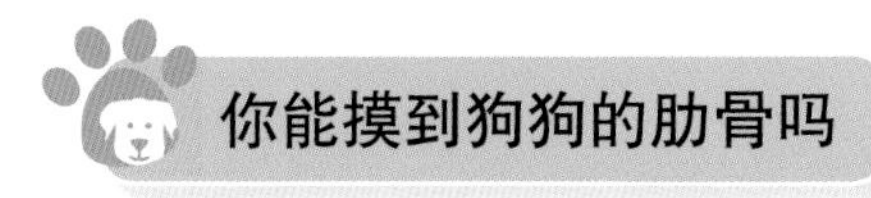

你能摸到狗狗的肋骨吗

按照狗狗“世界”的标准，狗狗体重超过标准体重的10%~15%，就被认为是肥胖。通常轻微的肥胖是不会对狗狗健康构成大的威胁，但如果主人一味地纵容，导致狗狗体重持续增长，最后就很可能危及健康。可狗狗的标准体重是多少？和人一样，狗狗的标准体重也因品种不同、性别不同、年龄阶段不同而各不相同。

所以，为了能准确弄清自家的狗狗是否属于肥胖，一般来说可以从触觉和外观上来判断，如摸狗狗的肋骨，看狗狗的胸廓、腰背和腹部三个部位。与大多数四肢行走的动物一样，正常体重的狗狗，下腹部肌肉应该是从前往后逐渐上提的，背部肌肉结实紧凑。如果狗狗腹部滚圆、丰满且有下垂现象，背部圆滚多肉，那就属于肥胖了。而肥胖的程度，则可根据你摸到肥肉的多少来确定。假如你完全摸不到狗狗身上的肋骨，那它绝对就属于重度肥胖的类型了，减肥大计迫在眉睫。

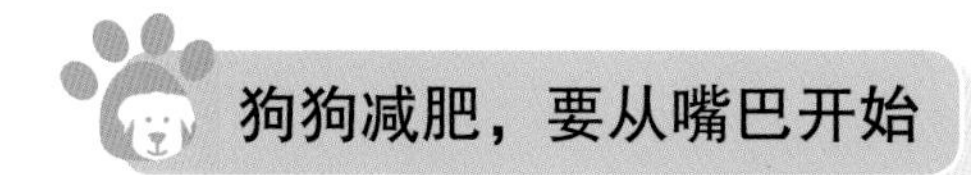

狗狗减肥，要从嘴巴开始

狗狗肥胖，很大一部分原因是主人的过错。主人一味地宠养、喂食，让狗变得懒惰、贪吃，肥胖当然就不可避免了。这时，不妨采用以下方法给狗狗减减肥。

◎饥饿疗法：就像人类减肥需要暂时告别美食一样，狗狗减肥时，主人也要逐步减少狗狗的饭量。不过采用这个办法有两个前提，一是主人要“狠心”，不要老想着“狗狗饿坏了怎么办”之类的问题，为了狗狗的长远健康着想，主人一定要坚持住；二是要保证家里没有可供狗狗翻找的食物。另外，狗狗饿了，很可能找沙发、拖鞋“出气”，或是去外面找“野食”果腹。为了不出现以上情况，最好给狗狗提供一个封闭的环境，比如将它单独关在空的小房间里，或是宽敞的狗笼里，这样坚持1个月，狗狗肯定会瘦下去的。

◎换食疗法：狗狗减肥可以饥饿疗法为主，换食疗法为辅。换食疗法就是将高脂肪的狗粮换成低脂肪、高纤维的食物。如果狗狗对换过的食物不满意，拒食，那就完全采用饥饿疗法，让狗狗继续饿上两餐。

13.狗狗突发情况的急救

养过狗的人都知道，狗狗的性情大多比较活泼，喜欢到处“转悠”，所以就算是呆在家里，发生意外的概率也比其他小动物高得多，更别说在人多物杂的室外了。身为主人的你，看到狗狗发生意外时，你知道该怎么进行急救吗？

抽筋

狗狗不停抽搐，身体僵硬，嘴巴时开时闭，并将舌头往外伸，这是狗狗抽筋的典型症状。引发此症状的原因可能是缺钙，也可能是狗狗体内神经系统受损。因此，当狗狗发生抽搐现象时，先不要触碰狗狗身体，并且在第一时间内将狗狗身边的物品拿开，以免在狗狗抽筋时误撞上其他东西，对狗狗造成更大的伤害。接下来拨打宠物医院的电话，同时确认狗狗的呼吸是否正常。

如果狗狗能很快恢复平静，则要赶快拿掉狗狗的项圈等束缚物，然后立即将狗狗送到医院，或等待兽医的到来。

车祸

如今城市里的交通非常发达，道路上车辆来来往往，狗狗车祸事故时有发生。但其实只要在带狗狗上街时系好牵引绳，狗狗在家时好好看管，别让它乱跑，是可以避免这类事故发生的。狗狗发生车祸，常常是狗主人大意后的结果。因为狗狗好动，却没有分辨“行车危险”的能力，所以哪怕是出门散步，也要给狗狗套上项圈。万一狗狗发生了较为严重的车祸，首先要及时按压止血，切忌胡乱搬动受伤的狗狗。然后将柔软的衣物铺放在狗狗身体下面，轻轻地将狗狗移到衣物的正中央，再请人帮忙拉住包裹物的两边，将狗狗抬起，立即送往宠物医院救治。

烫伤或烧伤

家用电器很容易导致狗狗烧伤或烫伤，所以一定要放在狗狗够不着的地方。如果狗狗不慎触碰到这些物品引起意外，应立即用清水冲洗狗狗烫伤的地方，时间要在10分钟左右，然后用干净的纱布将伤处包好，每天更换纱布。如果伤势严重，则要先用淡盐水浸泡伤口5分钟，然后立即包扎送宠物医院救治。

骨折

狗狗骨折时，首先要检查受伤程度，若只是局部骨折，可先用纱布包缠住狗狗患处，用木板或夹板夹住伤处，并用胶带固定。然后将受伤的狗狗置于木箱或笼子里，以减少它们活动的范围。如果狗狗是从高楼坠下，全身多处骨折，则千万不要自行给狗狗包扎伤口，应按照车祸的急救方式，立即送狗狗去附近的宠物医院救治。

流血不止

首先确定狗狗出血的伤口所在处，并用干净纱布用力按住伤口，以达到止血的目的。然后给狗狗患处涂上愈合药，用纱布包好。当然，如果伤口本身不大，也可以使用创可贴，但前提是狗狗不会胡乱撕咬创可贴，如果伤口在毛多的地方，还要先清除伤口附近的毛发，才能让创可贴顺利地粘在狗狗身上。

中毒

夹竹桃、百合花、巧克力、老鼠药，以及生活用品肥皂等，都极易引发狗狗中毒。狗狗中毒的反应因吃进肚子里“食物”的毒性大小而各不相同，但都可先喂狗狗吃下一定量的活性炭，只要能将毒素吸附掉即可，然后马上将狗狗送到宠物医院救治。

14.带狗去医院有规矩

狗狗生病，主人痛心不已，一面责怪自己照顾不周，一面寻思着如何带狗狗去宠物医院检查。狗狗可不是人类，就算生病了，也依然会有很强的好奇心，东嗅嗅西闻闻，连那些不能去的“禁区”也是照闯不误。在这种情况下，若是宠物医院来不及消毒，很可能就会让狗狗病上加病。要带狗狗上医院，以下这些行为主人是不能忽视的。

准备一块垫子

宠物医院的触诊台、输液台大多是冰凉的，再加上其他生病的狗狗也在上面过，大大提高自家狗狗感冒的概率。带一个小垫子，既卫生又保暖，一举两得。如果害怕垫子也会感染细菌，则可使用婴儿纸尿片，用完就扔。

抓住狗爪子

狗狗打针时，要把狗狗的爪子抓住，这样即使狗狗再动，也不会触到针头

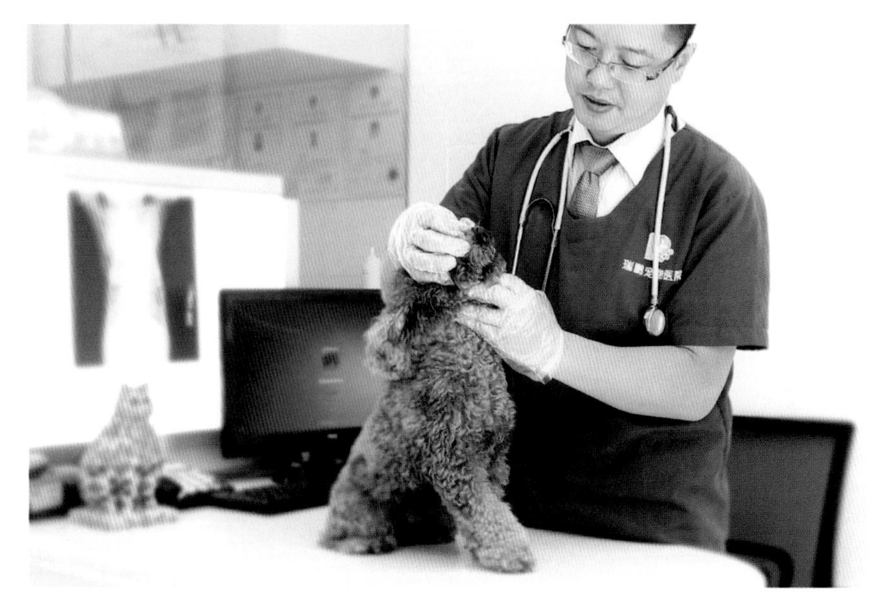

了，危险系数就低得多，自然不会出现跑针、漏液等情况。

保证输液的时间

狗狗输液至少需要2小时，有时甚至会长达5小时，所以如果你决定带狗狗看病，请至少抽出半天的时间作陪。当然，你也可以把狗狗托付给兽医，前提是他有时间精心照顾狗狗，否则狗狗输液中途要撒尿，如果无人照看就很容易发生意外。

避免扎堆凑热闹

宠物医院聚集着各种各样的宠物病毒和细菌，为了防止狗狗在短时间内交叉感染，不要抱着狗狗进医院，而是为狗狗选一个安全性高的笼子，外面用布罩住。这样既可避免自家狗狗因为进入陌生的环境而到处乱窜，又可避免别的动物恶意攻击，导致自己的狗狗受到惊吓。此外也不要让不认识的人触摸自家狗狗，自己也不要去触摸别人的狗狗，避免交叉传染。

回家之后及时消毒

从宠物医院回家后，装狗狗的笼子要消毒，狗狗的爪子和主人的鞋底也要消毒。如果你家养了两只以上的狗狗，带其中一只去了宠物医院，回来后一定要将狗狗隔离至少8小时以上，以保证没去医院的狗狗不会受到感染。

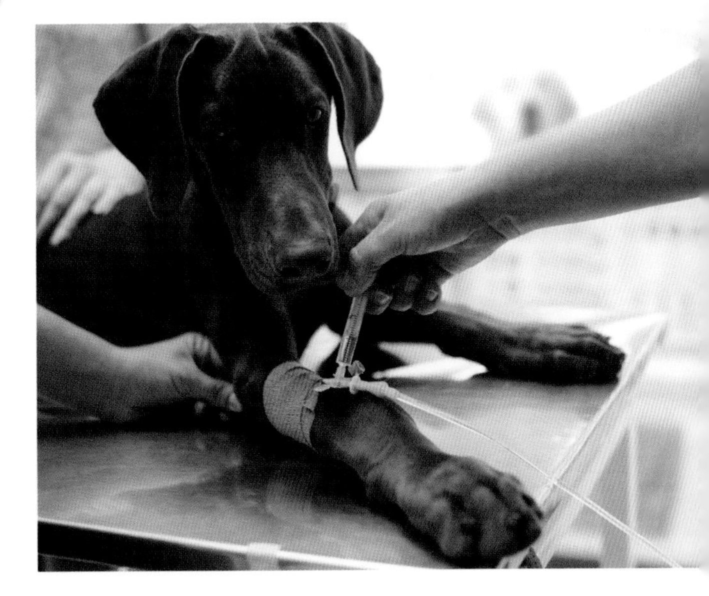

狗狗健康自查表

当狗狗发生异常情况时，请按照本表详细记录狗狗的健康状况，以便医生查看				
精神状况			食欲状况	
是否更换狗粮			是否食用狗粮之外的食物	
最近免疫时间			免疫种类	
最近驱虫时间			有无病史	
每分钟呼吸次数			体温	
消化系统	是否呕吐		开始呕吐时间	
	呕吐次数		呕吐内容（呕吐物颜色、性状）	
	是否拉稀		开始拉稀时间	
	拉稀次数		粪便性状	
	是否便血		是否有寄生虫	
泌尿系统	是否排尿困难		尿中是否带血	
呼吸系统	是否咳嗽		咳嗽开始时间	
	咳嗽次数		是否咳痰	
	鼻头是否干燥		是否打喷嚏	
	是否流涕		鼻涕性状、颜色	
运动系统	有无跛行		有无受伤史	
皮肤	有无瘙痒		有无皮肤病史	
	有无红疹		有无脱毛	

第七章

带狗狗出门游玩

1.狗狗独自在家也会焦虑

假日期间，许多人都有全家出游的计划，可谁来照顾狗狗呢？这成了爱狗一族出游时最伤脑筋的问题。如果把狗狗留在家里，当你回家时说不定家里已经一片狼藉，而“嫌疑犯”就是那满腹委屈的狗狗。

其实，狗狗会有这种异常反应也是正常的。因为人可以自主安排自己的生活，而狗狗的生活只能根据主人的安排来定。若让狗狗常常独自在家，狗狗身上具有的社会性，如正常的社交能力，就会慢慢消失，健康、性格、生活习惯也会发生翻天覆地的变化，从而成为名副其实的“宅狗”。

宅狗易患“分离焦虑症”

如果狗狗一看到你和家人即将出游，它都很想跟着一块儿去，若是把它扔在家中不管，它每次都将家里弄得乱七八糟，那你就要当心狗狗是不是患上了

“分离焦虑症”。破坏欲强是此症的主要特征。此外，随意在家大小便、乱吠叫、呕吐、忧郁、舔舐过度等，都有可能是狗狗患上分离焦虑症的症状。这时不妨带狗狗去专业宠物医院做个检查，医生会告诉你如何对症治疗，让狗狗更快恢复往日的神采。

宅狗易致精神分裂

狗狗也会精神分裂？没错。狗狗的精神分裂是指长时间和社会脱节后所产生的异常行为，如喜欢攻击同一屋檐下的其他宠物，在狗屋里无休止地转圈，还有嗜睡、神经敏感、内分泌失调等。这些都源于狗狗存在孤独的心理。

宠物狗喜欢与人为伴，或得到主人的爱抚，若经常长时间与主人分离，对它们来说就有被抛弃、被冷落的感觉。所以，如果可以的话，带狗狗一起旅游吧，为狗狗寻回最简单的快乐。

2.带狗出游前的安全准备

“带狗狗一起出游”的想法很好，但狗狗毕竟只有一两岁婴儿的智商，可能稍不注意就会发生意外，或是不知所踪。

如何才能确保狗狗旅途的安全，让它们拥有一个愉快的旅程呢？其实，只要考虑得当、准备周全，顺利完成一次与狗狗相伴的旅程并非难事。不信你就按照以下方法尝试一下吧。

出发前的条条框框，准备工作要做好

带狗狗旅行的准备工作有很多。首先得确定旅行的目的地，最好选择人少

的地方，比如非城市人文景区，或人员较少的生态公园，这样可避免由于狗狗旅途中“激动”，伤害到其他游客。然后还要给狗狗挂上自制的宠物牌，上面一定要写有主人的家庭住址和联系电话，以防狗狗在旅行途中走失。

另外，还要考虑到如何让狗狗安心坐车（一般指私家车）。有些狗狗天生喜欢坐车，如德国牧羊犬就喜欢新鲜刺激的事物，而且无所畏惧；也有一些“晕车狗”，天生对坐车反应强烈，如贵宾犬。因此你必须在旅行前对狗狗进行乘车训练，让它们熟悉车上的环境。

训练狗狗坐车的方法是：每次坐车前，在车内放置一些狗狗喜欢的零食和玩具等，待它上车后，迅速给它系好安全带。反复几次，狗狗就知道你打开车门后，它下一步该如何“坐”了。当然，如果车内空间够大，也可让狗狗呆在自己的旅行箱里，这样既可防止狗狗上蹿下跳，干扰你开车，也可在紧急刹车时，大大减少狗狗飞出车窗的概率。

最后，狗狗玩具、病历卡、水、食物等，都应在出发前准备好。玩具可缓解狗狗旅途中的无聊，病历卡可方便异地兽医为狗狗做准确的诊断，而水和食物是狗狗安全出行的物质基础。出发前6小时，让狗狗开始禁食，并让它多走动。若狗狗有晕车历史，你还可请兽医开些宠物晕车药，以减轻狗狗的不适。

旅途中的细枝末节，一个都不能忽略

狗狗乘车时，可能会因为兴奋而不停地向外吐着舌头，或因为长途旅行烦躁而频繁抓挠座椅，这样再结实的座椅也会有所损坏。这时不妨在狗狗屁股下铺上几张报纸，或垫上一些旧衣服、废毛毯等，爱狗不伤车，一举两得。

车行途中，最好隔一段时间就让狗狗下车透透气，一来可让狗狗欣赏半路优美的风景，二来可减轻狗狗乘车的紧张感。

有些狗狗喜欢在行驶的车内乱吼乱叫，会影响你开车。给狗狗带上口罩就是个不错的办法，也可以播放一些好听的音乐来转移狗狗的注意力。当然，如果你平时对狗狗训练有素，一个“停止”的指令下来，狗狗就会立刻闭嘴了。

最后，不要将狗狗独自留在车内，这可是带狗狗出游的大忌。因为狗狗体温调节能力很差，当车子被阳光直射时，狗狗就会坐立不安，但若能在车窗上贴一个遮阳贴，狗狗在车内就会舒适许多。而如果你将狗狗遗忘在车内，狗狗就可能会随时发生生命危险。

回家后的清洁，以轻松的形式结束

出游一天回来，或许还没进家门，你就已开始盘算着给狗狗洗澡的事情了。其实大可不必这么急促。一天的旅行已让狗狗筋疲力尽，回家后，最好的做法是让狗狗先睡觉，第二天再给它洗个热水澡，你也可以趁机休息，这样也为自己减了不少负担。如果你担心一觉睡过头，狗狗早上起来满屋子转悠弄脏房间，那就让狗狗在狗笼睡一晚上吧，累到极点的狗狗对此是不会有任何意见的。

3.带狗狗爬山准备要充足

爬山是狗狗非常喜欢的运动之一。不停地向上行走，可以在很大程度上锻炼狗狗行走和奔跑的能力，让狗狗腿部肌肉更有力、身材更有型。当然，爬山对主人来说，也是好处多多，可以减肥、调节心肺功能、协调身体等，真是一举多得。

狗狗爬山的动作虽简单，但规矩却不少。想要安全、顺畅地登顶，欣赏山中美景，还得按以下章法进行才可以。

爬山只带有天分的狗狗

并不是所有的狗狗都喜欢爬山。许多体型小、腿短、体力差的狗狗，如西施犬，走远路或山路非常费力。若带着它们上山，走不了多久，可能就变成你扛着它上山了，这样不仅起不到让狗狗运动的效果，反而会让你身心疲惫。

所以，在进行爬山活动前，一定要考虑狗狗的品种，如果你养的狗狗属猎

犬类，毫无疑问它肯定是爬山的好手，若是典型居家玩赏犬，那还是打消带它去爬山的念头吧。

纵使狗狗胆大包天，也不能让它探险

大多数狗狗都具备无穷的好奇心和勇敢的探险精神，为了避免狗狗在登山时去“探险”而发生意外，带狗狗去爬山一定要选危险性最小的山。如有必要，可用牵引绳时刻牵着狗狗，让它不要远离你，直至到达一个安全的地方再放开它。

为防止狗狗在山上乱窜，可将爬山时间定在早晨，少选傍晚时分，这样既能呼吸山中的新鲜空气，早晨的明亮光线又有利于保证狗狗的安全。

因为山上比较少见到人，而且有平日不常见的小动物出没，狗狗的戒备心会比较重，攻击性也相对较强。为了不让狗狗带着好奇的心理，去追寻或攻击其他动物，可在爬山时给狗狗带上一个铃铛。时刻晃动的铃铛吸引了狗狗的注意力，可减少它“惹祸”的可能性。

如果狗狗性情凶悍，则最好给狗狗套上紧致的口罩，一来可防止狗狗偷食山中的野果，降低中毒概率，二来可防止狗狗神经质性伤人。更主要的作用是挡住了狗狗的嗅觉，大大压制了狗狗的好奇心，从而减少它发生意外的可能性。

为免受伤，给狗狗穿上柔软舒适的鞋

狗狗终究是动物，遇到问题不会开口向主人求助，这就需要作为主人的你多留心观察了。若狗狗走路一瘸一拐，那肯定是不穿鞋子的脚受伤了。这时可

掰开狗狗脚掌和脚趾缝，看看有没有利刺插入皮肤内，如果有，立刻拔出来。几分钟之后，狗狗就又会活蹦乱跳了。

如果你检查过了，没有发现异常，可狗狗还是一瘸一拐，那很可能是狗狗的关节扭伤了。此时就算狗狗的兴致再高，你也不能继续爬山，而是要带狗狗上宠物医院检查。下次再登山，记得给狗狗穿上柔软舒适的鞋子，样子虽有点滑稽，但为了狗狗的安全，你不妨一试。

下山前清理狗狗身上的垃圾

下山前，一定要给狗狗做好清洁工作。尤其是长毛狗狗，一路走下来，其柔软的被毛很可能成为落叶、植物的种子、林中小虫等物的聚集地。此外，狗狗喜欢到处嗅，鼻子、口腔都是应该重点检查的部位，以免将这些杂物带回家。

所以，登山前最好能带上狗狗专用的梳子、棉签等物品，有备无患。还有一个办法可大大减轻狗狗清洁工作的强度，那就是给狗狗穿上牛仔服。不过这也要分季节，夏季气温高，不适合给狗狗穿牛仔服，其他季节都可以采用这种方式。

4.狗狗的游泳训练

狗狗游泳，不仅可清凉祛暑、强身健体，还能培养社交能力，增进和主人之间的感情。带狗狗出去见见世面，狗狗的快乐当然会更上一层楼了。只是狗狗通常第一次接触水都会感到害怕，如何才能让狗狗享受到游泳的乐趣呢？

其实狗狗天生会游泳，如金毛寻回犬、大麦町犬、雪橇犬、可卡犬、圣伯纳犬等中大型犬种，大多是天生的游泳健将。它们常常是一靠近水源，就迫不及待地下水畅游。

但是，并非每只狗狗都天生喜欢游泳。有些亲水性差的狗狗，就只能通过人工训练来挖掘它们体内的游泳基因了。而且训练最好是循序渐进，若是鲁莽地将其丢入水中，只有30%的可能是狗狗“扑通”一阵后，成为“泳坛一员”，另外70%的可能则是使狗狗受到惊吓，从此将游泳运动拒于千里之外。

游泳第一步：做好安全防护措施

首先，选个安全的游泳场地。如果你有私人游泳池，毋庸置疑，那当然是狗狗最好的游泳训练地。若条件有限，小河小溪也是不错的选择，只要游泳池干净，水底没有碎片，能保证你和狗狗的安全即可。当然有条件的话，最好选带有浅滩的水溪，这样训练狗狗游泳时更安全、方便。

其次，在将狗狗放入水中之前，要为狗狗系好牵引绳，这样就算狗狗在水中遇到下沉等问题，你也可通过牵引绳将其及时拉起。另外，为避免狗狗在水里上下扑腾，你也可以给狗狗准备一个浮漂，这样准备工作就做到万无一失了。

游泳第二步：授课正式开始

在选好游泳场地后，就可以将狗狗放在浅水滩中，再给它一些心爱的玩具转移注意力，不一会儿，它就不会再瞎扑腾，而是尽情享受这水上美好的感觉了。这时，你可以拿着玩具，诱导狗狗一步步向前游，慢慢地，狗狗就会适应这水上游泳的活动了。

狗狗是聪明的动物，这在游泳训练上表现尤其明显。通常人类学游泳，至少要学习十几个课时，而狗狗几个小时就能掌握这门技术，并且能游得像模像样了。

不过有时狗狗也会犯迷糊，颠倒游泳姿势，如将头部伸得老高，尾巴浸在水中，单靠前脚晃动，那肯定是非常费力的。这时，它或许需要主人的帮助，如果你能“告诉”它要前脚抬起，后脚有规律地摆动，那它很快就能“游”刃有余了。

游泳第三步：让狗狗彻底爱上游泳

带狗狗出去游泳，一定要给狗狗准备好至少两条以上的干毛巾，无论狗狗毛发长短与否，游泳后都要先将狗狗身上的水分吸干。

带狗狗回家之后，要赶快给狗狗洗个热水澡，这样不仅可洗去游泳时从水中带来的各种细菌及污物，还能让狗狗适应天气变化，防止狗狗感冒。更重要的是可以让狗狗喜欢上这项活动，为下次游泳做好心理准备。

随后几天，要留意观察狗狗的日常表现，一旦感冒或是出现皮肤过敏现象，就要尽快带狗狗去宠物医院检查，及早发现病因并对症治疗，以减少狗狗痛苦的时间。这样狗狗自然会彻底爱上游泳。

第八章

狗狗婚恋与孕产

1.狗狗也有爱的渴望

春季，是一个充满浪漫的季节，空气中到处散发着爱的芬芳。恋爱不仅是人类的行为，狗狗也会有恋爱的渴望。

狗狗不会隐瞒自己想恋爱的念头，一旦想恋爱了，就会用许多异常行为“昭告”天下，比如脾气变得焦躁、特别黏人、特别喜欢被人抚摸等。关于狗狗恋爱，人类有个非常专业的说法——发情。

发情期母狗的表现

发情的狗狗因性别不同，行为也不同。一般来说，母狗发情时外在表现较

明显，而公狗则较含蓄，多半是被发情母狗的体味挑起性欲，才会有过激的发情反应，属于被动发情。

母狗发情时，除了会有行为上的变化，如烦躁不安、兴奋异常、活动增加等，生理变化也很明显，如外阴部会开始肿大，1~2天后会流出混有血液的黏液，流血时间维持11~14天。

狗狗阴部滴血，是狗狗发情的最明显特征，这是为怀孕做准备。狗狗发情通常半年一次，大多数母狗在春季3~5月发情1次，秋季9~11月再次发情。这意味着每半年狗狗阴部就会滴血一次。而第一次发情的时间，通常是在狗狗4个月到1岁之间。

发情期公狗的表现

公狗在发情期没有那么复杂的生理变化，不过因为内分泌的关系，它会用其他方式来表现自己有恋爱的需求。比如开始抬腿到处撒尿，就表示它已经长大了，这种行为一是用来扩大地盘，二是证明自己很“男性化”，已具备恋爱的资格。

但无论是狗狗中的“男生”还是“女生”，如果想要恋爱，那都一定要有适合的对象。发情时节，狗狗的行为绝对堪称“古怪”。它们一天到晚在外面晃荡，希望能碰上一场“艳遇”。狗狗对爱情无所谓忠贞，只要对“味”就行，所以“三角恋”、为抢“女友”打群架、“争风吃醋”的情况繁多。

这时，身为主人的你，要开始费心地为狗狗的“婚事”着急了。艳遇带来的后果不堪设想，万一祸延下一代，情况就更糟糕了。所以当狗狗发情时，最好将它关在家里，不给它出去“鬼混”的机会。但此方法治标不治本，还是尽快给狗狗找个合适的对象吧。

2.让狗狗恋爱要慎重

传宗接代，理当是人生的头等大事。但对狗狗而言，恋爱的结晶由谁来照顾，这成了使主人寝食难安的问题。看来，狗狗恋爱还真不是件简单的事儿。

狗狗的寿命比人类短得多，所以也许你会想给狗狗留一个后代，也可在将来怀念它时有一个慰藉。有这种想法固然不错，但请别忘了，狗狗脑中可没有“计划生育”的概念，而且即使狗狗只生一胎，少说也是四五只。

等小家伙欢天喜地的出生了，身为主人的你可就苦了。照单全收——没那么多精力，也养不起；送给宠物收养中心——担心对方不能像自己一样爱护狗狗，舍不得。那些可爱的狗狗到底要怎么处理才好呢？纠结！

或许你也有朋友信誓旦旦地说可以帮你养一只，但往往是他只看到狗狗可爱的一面，冲动之下抱了一只回家，却没看到你训练它时的辛苦，没看到你帮狗狗洗澡、给狗狗做美容、带狗狗看病时的烦恼。因此，当你下次问起狗仔的下落时，可能就只得到“送人了”等搪塞语，其实说不定是走失了，或故意丢掉了。

所以，为了避免造成这种不愉快的结果，对于狗狗恋爱事件，还是得三思而后行。当然如果你家养的是公狗，就不存在担心狗宝宝去处的问题了。但如果你真的是爱狗一族，你也不会想让自家狗狗的后代流落街头吧！

总之，如果你没有找到收养狗宝宝的好人家，无论是公狗，还是母狗，

干脆给它们做个绝育手术。虽说这样对狗狗不公平，但比起将来需要面对小狗狗无人认养的局面要好得多。平时对狗狗多疼爱一点，多给狗狗一些美好的回忆，这对狗狗来说也是种幸福。

3.先给狗狗做“婚检”

确定让狗狗恋爱，就要开始寻找种犬。作为种犬的基本前提必须是属于同样的品种、体质健康、没有明显的外观缺陷、彼此间没有相近的血缘、母犬年龄应在2~5岁之间。暴躁不稳定和神经质胆怯的犬不能作为种犬。狗狗的“婚检”也至关重要，对狗狗下一代的健康和聪明都有影响，因此“婚检”必不可少。

项目一：排除常见病种

患有隐睾、白内障、耳聋等先天性遗传病的狗狗，以及患有卵巢囊肿、子宫内膜炎等非遗传性疾病的狗狗，都不适合“结婚”。

项目二：检查是否属非“恋爱体质”

所谓非“恋爱体质”，是指狗狗没有发育完全，或远远超过“结婚”的年龄，而导致的一种不适合交配的体质。一般来说，狗狗交配的最佳年龄在1~3周岁。这期间狗狗身体各项功能均在最佳状态。

项目三：驱虫、注射疫苗，为结婚构建安全门

在狗狗交配前一周，可以使用口服药或者针剂来驱除狗狗体内寄生虫和体外寄生虫。而狂犬病疫苗等免疫注射，需分几次才能完成，耗时较久，应提前

准备，最好能在狗狗交配前结束整个免疫程序，这样有利于增强狗狗的抗病毒能力，继而为狗仔提供一个优良的生存环境。

4.最舒适的交配方式

狗狗“结婚”，通俗点说就是交配，一般分3种方式：自然交配、辅助交配和强制交配。哪种交配方式最让狗狗觉得舒服，这需要根据公狗和母狗之间的默契程度来定，可不是你一手可以包办的。

自然交配

适合实力相当的公狗和母狗。这个实力相当包括身材比例相差不大、两只狗狗都有交配经验等。交配场地应选择僻静、地面平坦的水泥地。只要将两只狗狗放在一起，不一会儿它们就会打得火热了。

辅助交配

适合于“新婚”的狗狗，它们体型大小不一，且都没有交配经验，母狗甚至会对交配出现排斥行为等。你可一只手扶住母狗的脖子，另一只手托住其腹部，让母狗抬头、挺胸、撅屁股。几次下来，狗狗就懂得交配的方法了。

强制交配

强制交配多半在母狗发情厉害但拒绝交配，或两只狗狗之间体型大小悬殊时使用。强制交配有点类似辅助交配，但这里的辅助对象通常具备很强的抵抗性。所以在辅助交配时，一定要先给母狗套上口罩，以防止强行辅助时母狗回头咬伤人或公狗。

5.识别狗狗真假怀孕

经过轰轰烈烈的恋爱，狗狗现在要开始一生的另一件大事——孕育后代。

可是，最近狗狗似乎变得有些抑郁，连主人喂的食物，它也是爱理不理的，怎么回事？出现这种现象，最大的可能是狗狗要做妈妈了。

狗狗真怀孕的表现

一般来说，狗狗怀孕的最初妊娠表现，是在交配后的7天左右出现。此时怀孕母狗的阴部会迅速收缩，但这一变化却很少被主人发现。

到了怀孕三四周时，怀孕母狗就会出现呕吐、食欲不振等妊娠反应，尤其是在妊娠20~30天时，怀孕母狗的乳腺会突然增大，外在表现就是乳房涨大，乳头甚至呈现出桃红色。

到了怀孕第四周时，你可以用手摸怀孕母狗的子宫，子宫的位置就在腹部靠后的地方，你可能还会发现，狗妈妈肚子里有个鸡蛋般大小的东西，那就是胎盘。

狗狗怀孕的秘密被彻底发现了，从此，你更要好好地照顾狗狗了。

狗狗假怀孕的表现

狗狗有时也会出现“假怀孕”现象。这时你可不要误会，并不是狗狗为了博得更多疼爱才出此下策，而是狗狗此时可能正被某种疾病所困扰。比如子宫发炎或感染等，也会让狗狗出现食欲不佳等怀孕假象，让狗狗误以为自己怀孕了。

而误以为自己怀孕的狗狗，其子宫会“命令”卵巢分泌一种激素，让子宫的免疫系统停止运作，以方便子宫内“狗宝宝”的生长。结果是“狗宝宝”不见长，子宫内细菌却趁此机会不断繁殖，狗狗“怀孕” 的表象也越来越明显。

如果你家狗狗在“结婚”后突然变得懒散、行动缓慢、食欲不佳等，这有可能是狗狗怀孕了，也有可能是狗狗被疾病所困扰了。但无论如何，你都必须尽快带狗狗去宠物医院检查，让医生来确诊。

6.细心照顾妊娠期母狗

怀孕母狗与人类的孕妇一样，也理当受到细心的照顾。可怎样呵护才算周到，怎样才能更好地为狗妈妈营造一个舒适的环境，顺利迎接新生小狗狗的到来呢?

作为狗狗的主人，你可以参照人类照顾孕妇的注意事项，做到以下几个方面准没错。

饮食上加强营养

如今，狗妈妈要独自担负着为家庭“添丁增口”的重大责任，身心都会有巨大的损耗。所以，此时为狗妈妈增强体质、加强营养是最重要的工作。这项工作如果做得好，不仅能让胎儿正常发育，防止流产，还能让狗妈妈产后乳汁充足。

狗妈妈在怀孕初期（约35天内），食欲一般都很旺盛，这时可按原饲养方法喂养，偶尔在食物中增加蛋白质、钙等。但随着胎儿的长大，隆起的子宫就会压迫胃，使狗妈妈每次的进食量都减少，甚至出现食欲不佳等情况。这时不必过度担心，这些都属于怀孕的正常现象。

当然，出现这种情况后还是要稍稍调整狗狗的饮食。可在怀孕35~42天、42~49天、49~60天时，将狗粮分别在原基础上增加10%、20%和30%，并将原来的一日两餐改成一日三餐或一日四餐等少吃多餐的饮食方式。对于狗狗食物的选择，最好是专用孕期狗粮，既能保证狗狗营养均衡，也省得要费心调配食物营养的比例。

另外，为增进狗妈妈的胃口，也可准备一些湿的狗粮，如妙鲜包等。但需要注意的是，无论是干粮还是湿粮，都不要往里面加太多的肉、蛋等，也不要无规则地给狗狗增加食量，否则营养都被狗妈妈吸收了，那些食物就会变成催肥剂，容易导致母狗难产。

到临产前，狗宝宝已完全发育成熟，这时可开始对狗妈妈削减食量，最好能让其恢复到怀孕前的饮食习惯，还要给狗妈妈提供足够、清洁的饮水。否则，等小狗狗出生，而狗妈妈还延续着怀孕时少食多餐的饮食习惯，留给你的可能就只有无尽的苦恼了。

合理运动可预防流产和难产

运动给狗妈妈带来的好处数不胜数，如可促进血液循环、增加食欲、有利

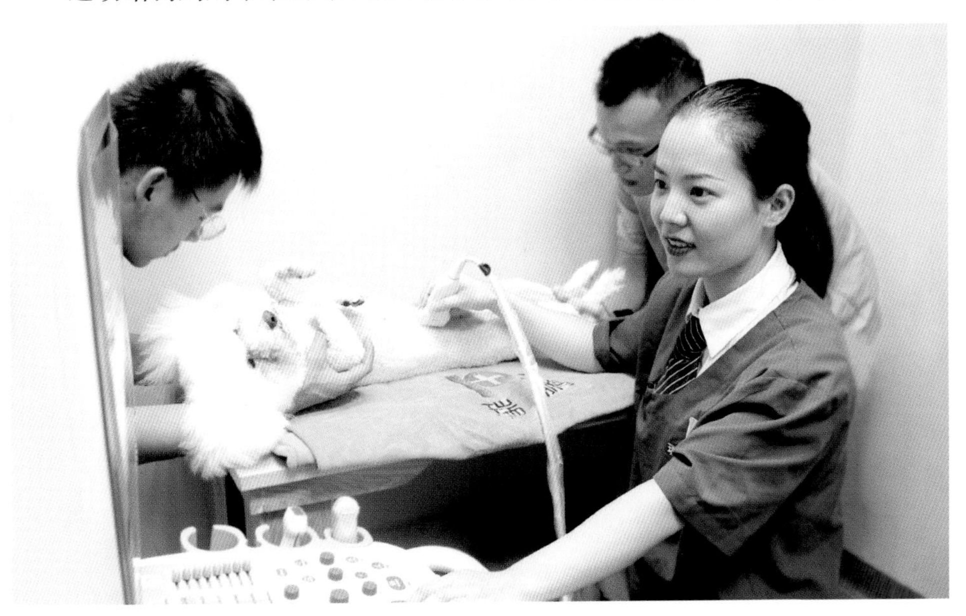

胎儿的发育、减少难产等。可运动也要讲究合理性。在怀孕期间，狗妈妈行动往往迟钝、懒散，这时，最忌讳有人不分青红皂白将它拉去户外狂奔，这样就有可能引起流产。

带狗妈妈进行户外运动，最好是将其单独散放，虽然这样比较孤独，但为了防止它和其他狗狗赛跑、嬉戏跳跃、打架等，这是最好的呵护方式。狗妈妈怀孕30天后应停止训练，40天后每天至少有4次外出的机会，且每次不少于30分钟，晒太阳、散步都可以，这对于将来的生产非常有好处。

关爱有加，照顾狗妈妈的情绪

怀孕期间，狗妈妈情绪波动较大，时而散发母性的温柔，非常温顺；时而又变得异常烦恼、躁动，且更加依赖主人。它也可能会因食物不可口、被吵醒或者不被重视而狂吠不止，这时如果你大声呵斥它，就会发现它居然一反常态，发出更大的吠声。

不要以为你的狗狗要开始“造反”了，其实它不过是想得到你的安慰。尤其是怀孕了的狗狗，会表现得更加不能容忍主人对它不理不睬，不能容忍其他小动物分享主人的宠爱，恨不能将主人的宠爱全部霸占。所以，为了照顾怀孕狗狗的情绪，请你对它表现出“情有独钟”吧!

7.减轻狗狗临产前的痛苦

人类孕育生命需要怀胎十个月，狗狗可用不了那么久，两个月左右就可以分娩了。所以，推算狗狗的预产期相对比人类也简单得多。通常情况下，狗狗的平均孕期是63天，但狗仔有可能提早或延迟7天出生。

狗妈妈进入怀孕60天时，就会出现坐立不安、不断用前爪抓地、拼命撕咬玩具、排泄次数增多、粪便变软等待产症状。最为明显的是在产前24小时里，狗妈妈的体温会从正常的38℃，下降到36℃左右，还伴有乳腺肿胀、泌乳现象。这些都是分娩即将来临的正常表现。

另外，狗妈妈在产前24小时内开始绝食、产前两三个小时内外阴部开始分泌黏液等，也属于正常待产现象，身为主人的你不必慌张。通常狗妈妈出现以上症状，表明它很可能会在未来一天内分娩。

如果没有做好充足的准备，在狗妈妈分娩时，你很可能会在一旁手忙脚乱。所以，最好在狗狗临产前3周，就开始着手准备工作——给狗妈妈打造一个舒适的“产房”。这个产房也可当“育婴房”使用，所以一定要温暖、避风、安静。具体的布置是找个干净的大纸箱，里面铺些干净的报纸，并铺上一床干净的旧床单。

而提前3周准备，也是为了让狗妈妈尽快适应这个箱子，熟悉自己的生产环境。如果狗狗毛发较长，则最好在狗狗进入待产期时，将其乳房、肛门、外阴处毛发剪短，防止生产时脏乱，也方便将来为狗仔喂奶。

8.顺产还是剖宫产

狗狗生产，一般不需要外来协助，但并不代表它不喜欢外来的安慰。如果在狗狗分娩时有主人陪在身边，狗狗会有安全感，尤其当狗狗第一次分娩时，如果主人能尽量在旁边安抚、舒缓狗狗的情绪，狗狗生产就会顺利得多。

狗狗分娩方式有两种：顺产和剖宫产。狗狗剖宫产是在其难产时、人工进行的助产手术，但这种手术可不像人类的剖宫产手术那么安全。因为狗狗体内“孩子”众多，若要剖宫产，总会有些狗仔因来不及处理而缺氧致死。所以，若想减轻狗狗的痛苦，还是让狗狗顺产吧。

狗狗顺产一般分为以下三步。

第一步：张开子宫颈

在张开子宫颈的过程中，狗妈妈可能会出现两三个小时的短暂阵痛收缩，也有些狗妈妈阵痛时间长达十几、二十几个小时。但这种阵痛表明第一只狗仔已经顺利抵达骨盆腔。此时仔细观察狗妈妈，会发现它表情痛苦、心跳加快，整个身体都呈现焦躁不安的状态。若你轻轻安抚它，会让它平静不少。

第二步：迎接“狗仔队”的到来

当子宫颈打开后，第一只狗仔就会迫不及待地出来。这时，狗妈妈的阵痛逐渐增强，当阵痛最大化时，狗妈妈就会排出羊水囊，这时，不要打扰狗妈妈，它会撕破羊水囊，第一只狗仔就出生了。

第一只狗仔的出生时间，一般在狗妈妈开始阵痛后的3~4小时。此时狗妈妈会舔舐狗仔全身，并咬断脐带，除去狗仔身上的胎衣并吃下去。第二只狗仔约在第一只狗仔出生后的2小时内出生，若许久仍不见第二只落地，则情况不妙，应尽快和兽医联系。

第三只、第四只等狗仔出生的时间间隔较短，待狗仔全部出生，整个过程约需6小时。也有狗仔多达12~14只的情况，这样狗妈妈在生产中间会休息1~2个小时，整个生产过程也会相应地延长。

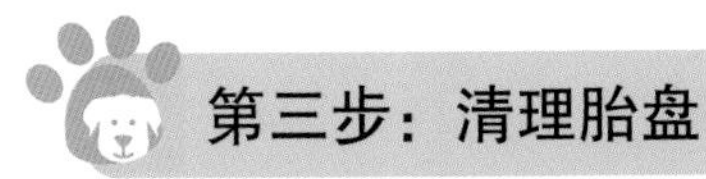

第三步：清理胎盘

狗狗的胎盘一般在狗仔出生15分钟后排出，但有时也会随着第二只狗仔的出生而排出。狗妈妈可能会吃掉胎盘，这有助于刺激母狗分泌乳汁，但如果吃下的胎盘过多，也可能会导致呕吐或痢疾。

需要注意的是，你一定要细心地记下狗狗胎盘的数量，排出的胎盘数目一定要和出生狗仔的数目相同。如果排出的胎盘数目比出生的狗仔数目少，那很可能是胎盘滞留在产道还未排出。这时应立即请兽医帮忙，否则胎盘留在母狗体内会导致子宫炎症、恶露不止等不良情况。

9.初生狗仔喂养并不难

一群嗷嗷待哺的狗仔，围爬在狗妈妈身边，那情景温馨极了。可这么一群连眼睛都没睁开的小家伙，要怎么喂养才好呢?

不用担心，狗仔在5周之前，你都可以放心地将它们交给狗妈妈，而且基本上除了母乳，它们对其他食物一点兴趣都没有。5周以后，可以在碟子中放一些母乳，让小狗学习舔食，从而减少狗妈妈的负担。

当决定让狗仔学习舔食时，务必将狗妈妈和狗仔分开，以免狗妈妈干扰狗仔练习舔食。当狗仔学会了舔食后，可逐渐增加食物量，将一天两次的喂食量增加到一天三四次，并添加婴儿犬粮、骨粉等物质，以维持小狗的营养平衡。

小狗是否健康，看体重就知道。原则上，一个新生的人类婴儿刚出生几天，体重可能会略微下降，但小狗却不降反增。出生24小时的狗仔，体重应比刚出生时增加10%，8~10日龄的小狗，体重应比刚出生时增加1倍，17天以后体重会是出生时的3倍。如果在这段时间，小狗体重没有明显增长，就是不正常的现象，应该尽快带其就医，并加强营养。

还要注意的是，新出生的小狗除了吃就是睡。这时一定要注意给它们保暖，室内温度保持在23℃以上。如果室温过低，可以用电热毯或旧毯子包裹热水袋来给小狗取暖。随着狗仔的长大，可适当地降低室温，一般每周降低2~3℃即可。此外，刚出生的小狗没有听力和视力，一般2周后开始睁开眼，2~3周内开启听觉功能。

10.照顾好“月子期”的狗妈妈

顺利生产后，狗妈妈要好好休息，和人类一样，也需要“坐月子”调养。可做了妈妈的狗狗，性情似乎没有从前那么温顺了，只要有陌生人靠近就大声吠叫。这是狗狗母性的表现。

其实，只要掌握了科学的方法，要照顾好狗妈妈并不难。

照顾狗妈妈的情绪

小狗出生后，狗妈妈会拼尽全力保护自己的孩子，任何人甚至任何动物的靠近，都会遭到狗妈妈的敌视。所以，在狗妈妈分娩至小狗出生后的1个月时间里，要尽量避免让陌生人和其他动物靠近。哪怕是狗狗最亲密的主人，在接近处于月子期的狗狗时，也应穿着长衫，以免被发狂的狗妈妈咬伤。此期间更不要频繁抚摸或逗弄狗妈妈，以避免导致狗妈妈神经过敏，发生吞食幼仔的事情。如果条件允许，最好保持安静的环境，不要大声喧哗，给狗妈妈和狗仔们一个宁静的休息环境。

饮食要少食多餐

产前的狗狗会因为生理反应，出现少食或绝食的情况，产后又因为身体能量消耗过大，而出现虚弱、暂时不想进食的情况。所以，在狗妈妈顺利生产后的一两天内，都可以不用喂食，只要喂点葡萄糖水即可。待狗妈妈身体逐渐恢复后，再给它吃点流质的食物，如肉粥、蔬菜羹等，少食多餐。1周后，狗妈妈就可以像从前一样进食干粮了。此时还应让它保持少食多餐的习惯，有助身体吸收。

为了给狗妈妈增加营养，可在干粮中增加高蛋白、高热量的食物，如动物内脏、肉类等。另外，生育后的狗狗需要大量的钙质，可经常给狗妈妈喂食猪蹄汤、鲫鱼汤等催乳汤汁，以保证狗妈妈有足够的奶水喂养狗仔。

注意卫生

月子期的狗妈妈要和狗仔隔离起来喂养，但最好不要让狗仔离开狗妈妈的视线。此期间也要定期给狗妈妈擦拭全身，擦拭重点在乳房附近，以防止通过哺乳将细菌传染给狗仔。在狗妈妈月子期内最好不要给它洗澡，因为洗澡可能刺激到狗妈妈的神经，导致停止分泌乳汁。另外，尽量不要触碰狗妈妈的肛门等处，以免引起感染。待子宫恢复后，才可轻轻擦拭肛门，防止细菌感染。

11.给狗妈妈做绝育手术

狗狗从“恋爱”到“结婚”，再到“儿女一箩筐“。接下来就应该是为狗狗准备绝育手术的时候了。否则，狗狗一年可生产2次，每胎大约6只，第二年新生狗狗再生育，5年以后，狗狗数量就会暴增。

按照这个趋势发展下去，大街小巷就会流浪狗成灾。而且狗狗经常怀孕，长期不间断地哺乳，对健康也有影响。所以，为狗狗做个绝育手术，应该是作为主人的你最高明的选择。

绝育的好处

一般来说，狗狗做绝育手术的最佳时间是在狗狗5~6个月大时，但考虑到狗狗也有“生儿育女”的权利，所以会在狗狗生过一胎后再进行。但如果让狗狗在最佳年龄绝育，其患乳腺癌概率仅为1%；生育后再绝育，患病率可能性为5%；如果终身没有绝育，概率则高达90%。

频繁发情让狗狗子宫得不到好的休息，子宫蓄脓、子宫内膜炎、卵巢囊肿、卵巢肿瘤等疾病的患病率也非常高。而且因为有“发情表象”做掩盖，就算出现了问题，也可能被当做发情的正常现象处理，耽误最佳医治时间，导致狗狗病情恶化。

虽然绝育手术剥夺了狗狗的生殖权利，但可以防止乳腺癌等与性腺相关的疾病危害。

绝育前主人的准备工作

绝育对狗狗的主人来说绝对是个一劳永逸的好办法，不仅让狗狗变得更温顺更听话，也有效地抑制了狗狗发情，大大减少了狗狗患各种癌症或肿瘤的概率。而且，绝育手术只是个小手术，兽医师在麻醉情况下对狗狗进行手术，狗狗完全意识不到痛苦。

虽然绝育手术只是个小手术，但也要做好术前准备工作和术后卫生。术前6小时不能让狗狗吃东西、2小时内不能喝水。在狗狗做完手术回窝前，最好将狗窝仔细打扫一遍，收拾干净，以防狗狗伤口感染。狗狗在创口愈合前要避免剧烈的运动。如果狗狗身体健康，一周就可以恢复往日的神采。